JN280018

科学史ライブラリー

アルベルトゥス・マグヌス
鉱物論

沓掛俊夫 編訳

朝倉書店

口絵1　アルベルトゥス・マグヌス『鉱物論』の13世紀の手写本
（ドイツのシャッフハウゼンの［鉄の図書館］所蔵）

D. ALBERTI MAGNI,

RATISBONENSIS EPISCOPI,

ORDINIS PRÆDICATORUM

LIBER PRIMUS

MINERALIUM.

TRACTATUS I

DE LAPIDIBUS IN COMMUNI.

CAPUT I.

Quæ est intentio libri, et quæ divisio, modus et dicendorum ordo.

De commixtione et coagulatione, similiter et congelatione et liquefactione et cæteris hujusmodi passionibus in libro *Meteororum* jam dictum est. In quibus autem isti effectus prius apparent apud res naturæ, lapidum genera sunt et metallorum, et ea quæ media sunt inter hæc, sicut marchassita, et alumen, et quædam alia talia. Et quia illa prima sunt inter composita secundum naturam ex elementis, utpote ante complexionata existentia quæ animata sunt, ideo de his proxime post scientiam *Meteororum* dicendum occurrit: parum enim videntur abundare ultra commixtionem simplicem elementorum. De his autem libros Aristotelis non vidimus, nisi excerptos per partes. Et hæc quæ tradidit Avicenna de his in tertio capitulo primi sui libri quem fecit de his, non sufficiunt. Primum ergo de lapidibus, et postea de metallicis, et ultimo de mediis inter ea faciemus inquisitionem : lapidum quippe generatio facilior est, et magis manifesta quam metallorum. De lapidum autem naturis plurima in genere dicenda occurrunt, quæ in primis ponemus. Deinde vero de lapidibus in specie qui magis nominati sunt, disputabimus. Coarctabimus autem sermonem nostrum, eo quod multorum dicendorum hic causæ jam in libro *Meteororum* determinatæ sunt. In genere autem de lapidibus tractantes inquiremus in genere materiam lapidum, et proprium efficiens eorum proximum, et locum ge-

編訳者まえがき

　西欧ラテン世界において，スコラ学盛期の時代といわれる13世紀に，自然学に関しては，その広範な分野についてアリストテレスの註釈やそれに基づく著述を行ったドミニコ会士のアルベルトゥス・マグヌス（Albertus Magnus）がいる．アルベルトゥスは弟子のトマス・アクィナスほどには知られていないが，イギリスのロジャー・ベーコンとともに実験科学の創始者の一人とも見なされている．彼は，鉱物界にも関心が深く，『鉱物論 *Mineralium*』全5巻を著した．12世紀から13世紀にかけて，アリストテレスの「自然学的著作」がアラビアのアヴェロエスの註釈とともにラテン語に翻訳されて，西欧ラテン世界に紹介された．これは当時のラテン世界には存在しなかった，まったく異質な学問体系であったが，この分野に積極的に取り組んだ先駆者の一人がアルベルトゥスである．彼は，アリストテレスの自然学を再構築すべく，原典のあるものについては註釈を施し，ないものについては，ギリシア・ローマの古典古代の著述家やアヴィセンナなどに代表されるアラビア科学の成果を取り入れ，さらに自身の観察や実験の成果も加味して独自に書き上げた．アリストテレスの鉱物に関する著作は失われていたために，この『鉱物論』は，ローマ時代のプリニウスやディオスコリデスなどの著作を参考にして，また当時知られていた石についてのさまざまな言い伝えなども収集し，さらに鉱山などで実地に観察したことや錬金術的な実験などの，アルベルトゥス自身の経験をも踏まえて書かれたものである．

　彼は，鉱物界を「石」，「金属」と「中間物」との三つに分類して，それらの産状，産地や性質を記載し，その質料（構成物質）や成因を論じている．また，それらの医薬的な効能や護符としての効力についてもかなり詳しく記述しているが，彼が最も強調したかったのはこの部分であるらしい．

　この著作は，13世紀のラテン中世における鉱物のあり様が窺えて興味深いが，さらに当時の建築用石材の利用法であるとか，鉱山における採鉱や冶金技術など，

技術史的な観点から見ても価値のある書物であろう．この点においては，ローマ時代のウィトルーウィウスの『建築書』や16世紀のアグリコラの『デ・レ・メタリカ』にも匹敵する，西欧中世を代表する科学技術書といえよう．

アルベルトゥス・マグヌスの『鉱物論』については，日本では鉱物・結晶学者の砂川一郎博士による，ワイコフ女史の英訳に基づいた簡単な紹介があるのみで，これまでほとんど研究も翻訳もされてこなかった．このラテン語原典からの翻訳が，我が国ではあまり知られる機会のなかった西欧ラテン中世の鉱物学を理解する上で，多少とも役立つのであれば幸いである．

2004年11月

沓 掛 俊 夫

目　　次

第Ⅰ巻　鉱　　物 ───────────────── *1*

論考Ⅰ　石の一般論　*1*

第1章　本巻の目的，区分，方法と叙述の順序　*1*
第2章　石の質料　*3*
第3章　石の透明性の大小　*5*
第4章　学者たちの異なる見解による石の生成と動力因　*8*
第5章　正しい見解に基づく石の動力因とその特殊なはたらき　*10*
第6章　石の基本的形相　*12*
第7章　石の生じた場所の検討　*14*
第8章　ある場所で石が生じ，他の場所では生じない理由　*16*
第9章　どのようにして場所の力が石の性質に作用するか　*18*

論考Ⅱ　石の偶有性　*21*

第1章　石の内在的性質［良質・悪質の混合物］　*21*
第2章　宝石の色の違いの原因　*22*
第3章　透明でなく，大きさに上限がなく，かつ高貴でない石の色について　*26*
第4章　石の硬さの違いの原因　*27*
第5章　石の剝離性と非剝離性　*28*
第6章　石の多孔性と緻密さの原因とその重さと軽さ　*29*
第7章　岸に多数の小石がある原因とときに見られる人工的に並べたかのような煉瓦の列について　*30*
第8章　内部と外部に動物の像をもつある種の石　*31*

第Ⅱ巻　宝石とは何か ──────────── 33

論考Ⅰ　石の効能の原因　33

第1章　宝石の効能の原因と石には効能がないと言う者への反論　33
第2章　石の効能の原因に関する4人の学者の説　36
第3章　これらの見解の否定　39
第4章　宝石の効能における真の原因　41

論考Ⅱ　宝石とその効能　43

第1章　Aで始まる宝石　43
第2章　Bと呼ばれる文字で始まるもの　46
第3章　文字Cで始まるもの　47
第4章　第4番目の文字Dで始まる名前　50
第5章　文字Eで始まるもの　51
第6章　第6番目の文字，すなわちFで始まるもの　54
第7章　第7番目の文字，すなわちGで始まるもの　54
第8章　H, IとJで始まるもの　56
第9章　Kの文字で始まるもの　58
第10章　文字Lで始まるもの　59
第11章　文字Mで始まるもの　59
第12章　文字Nで始まるもの　61
第13章　文字Oで始まるもの　62
第14章　文字Pで始まるもの　63
第15章　文字Qで始まるもの　65
第16章　文字Rで始まるもの　65
第17章　文字Sで始まるもの　65
第18章　文字Tで始まるもの　69
第19章　文字Vで始まるもの　70
第20章　文字Zで始まるもの　70

論考Ⅲ　石の印像：どのように論じられるか，何種類あるか，それらについて経験的に何が知られているか　72

　第1章　石の像と印像　72

　第2章　自然にできた石の像　74

　第3章　あらかじめ石に刻まれるべきことが先取りされている理由と像そのものにどのような助力があるか　76

　第4章　なぜ像が東方，西方，南方および北方風と呼ばれるか　78

　第5章　石の像の意味　80

　第6章　石の結紮と懸吊　83

第Ⅲ巻　金属一般論　87

論考Ⅰ　金属の質料　87

　第1章　この巻の構成と論述の順序　87

　第2章　金属に特有の質料　89

　第3章　前のこととの関連で，なぜ石は金属のように展性がなく，また融けないのか　92

　第4章　金属の質料に関する古代の人々の見解　93

　第5章　動力因と金属一般の生成　96

　第6章　金属の基本的形相　98

　第7章　金属には唯一の形相しかないというカリステネスの見解について　101

　第8章　どの金属にもいくつかの形相があるというヘルメスや他の学者の見解　104

　第9章　錬金術師の言うように，金属の一つの形相は他の形相に変換するのか　106

　第10章　金属の産する場所　108

論考Ⅱ　金属の偶有性　113

　第1章　金属の固化と液化　113

第2章　金属の展性　*115*

　　第3章　金属の色　*116*

　　第4章　金属の味とにおい　*118*

　　第5章　金属は燃え尽きるか燃え尽きないか　*120*

　　第6章　金属が互いに循環して形成されること　*122*

第Ⅳ巻　金属各論 ———————————————————— *125*

　単一論考　*125*

　　第1章　それらの父と母である硫黄と水銀のように，金属に普遍的であろうこと　*125*

　　第2章　水銀の性質　*127*

　　第3章　鉛の性質　*129*

　　第4章　錫の本性と性質　*131*

　　第5章　銀の性質と構成　*133*

　　第6章　銅の性質と混合物　*135*

　　第7章　金の性質と混合物　*138*

　　第8章　鉄の性質と混合物　*142*

第Ⅴ巻　石と金属の中間のような鉱物 ———————————— *145*

　単一論考　*145*

　　第1章　中間物の一般的性質　*145*

　　第2章　塩の性質，形相と種類　*147*

　　第3章　アトラメントゥムの性質と物質　*148*

　　第4章　明礬の性質と種類　*149*

　　第5章　砒素の性質と種類　*150*

　　第6章　マーチャシータの種類と混合物　*150*

　　第7章　ニトルムの性質　*151*

　　第8章　トゥティアの性質　*152*

　　第9章　エレクトラムの本性と性質　*152*

　　　　　　　　目　　次　　　　　　　vii

訳　注　*154*
編集者あとがき　*161*
参考文献　*162*
解　説　*165*
編訳者あとがき　*179*
索　引　*181*

第 I 巻

鉱　物

MINERALIUM

論考 I
石の一般論

第1章　本巻の目的，区分，方法と叙述の順序

　混合と硬化，さらに固化と液化およびその他すべてのものの振る舞いについては，すでに『気象学』[1]において論じた．自然物の中でそのような現象が認められるのは，まず石と金属であり，またそれらの中間物であるマーチャシータ［p. 160 第V巻訳注［5］参照］，明礬やその類の他の物質である．これらは，生きている結合体の前にくるものとしては，天然に元素からつくられた最初の混合物であり，『気象学』に次いで論ぜられるべき対象であるが，それらは元素が単純に混合した以外のものはほとんど含まない．これら［鉱物］[1)]についてのアリストテレスによる著作[2]は，そのわずかな抜粋が残るのみで失われてしまっている．アヴィセンナが著した第一の著作の第3章で鉱物について述べている[3]が，それは十分なものではない．

　最初に石を，次いで金属を，最後に中間物を取り上げて論ずる．石の成因は金

---

1)　［…］は，分かりやすくするために，訳者が補った語句であることを示す．

属よりも単純かつ明瞭である．石の一般的性質については述べるべきことが多いので，まず初めにそれを置く．次いで当然のこととして，命名された鉱物のそれぞれについて論ずる．これらについての考察は簡略に扱うが，それは，論及すべきことがらの原因については，すでに『気象学』の中で明らかにされているからである．

石の一般論では，その質料，その生成した直接の原因や生じた場所について，さらには混合の様式，色の多様性の原因，またそれらに見られる他の偶有性——例えば，硬さの程度，剥離性の有無，多孔質か緻密か，重いか軽いか，等々——などについて検討する．石は，それぞれに固有の性質や種類が多様であるだけでなく，上に挙げたような一般的な性質においてもさまざまである．

哲学における最高権威者の中の何人かが，ある種の石について——もちろん，すべての性質についてではないが——論じている．その中には，ヘルメス[4]，エワックス[5]——アラブの王——，ディオスコリデス[6]，アーロン[7]やヨセフス[8]がいる．しかし，彼らは宝石について［論じている］だけで，石一般については論及していない．プリニウスの『博物誌』[9]では，不満足にしか取り扱われていない．彼は，すべての石に共通した成因に関して賢明なる説明を提起している．しかし，すべての人々の見解を紹介する必要はない．なぜならば，この課題に関する知識は，多くの権威者の犯した過誤の中から引用しなければならないほどには神秘的なものではない．石の性質と構成は，『気象学』の第Ⅳ巻で略述したような研究法で調べて，それに固有な質料，生じた直接の原因，形相，偶有性などを知れば理解できる．

これらのあるものがいかにして他のものに変化するのか，薬剤として——それらは錬金術師によってエリキサ[10]と呼ばれるが——どのようにして病気を治すか，またその隠れた性質を顕現させるのか，逆に顕れている性質をいかにして除去するのかについては，説明する意図はない．その代わり，それらは，元素がいかに結合してできるか，またそれぞれがどのようにしてその固有の形相(けいそう)になるのかを示す．それゆえ，石と生命や霊魂，肉体や物体と偶有性との違いを研究するのに骨を折ることはない．錬金術師が探究するものは，火で蒸発しない「石」と呼ばれるあらゆるものであり，彼らは，これを「物質」や「物体」と呼ぶ．硫黄

や水銀のように火で蒸発して，いわゆる「石」にさまざまな色を着けるものを，彼らは，「生気」とか「霊魂」とか「偶有性」とか呼ぶ．超自然的な理論や処方に大きく依存するものごとを探究するのは，他の学問の課題である．

　他のところで採ったのと同じ方法を続けて，全体をいくつかの巻に，巻を論考に，さらにそれを多くの章に区分する．

　多くの個別のものを扱うに当たって，外観や効力は，われわれにとってより明瞭であるので，それら［の観察］に基づいて，まずその性質を理解してから，それらの成因や組成に進む．すでに先行する著作で論じたような普遍的な性質［を扱うに］は，逆のやり方──すなわち，原因から効力へ，はたらきや外観［を説明するよう］に進む──を採用する．このようなものにおいては，一般的で入り組んだ現象は，『自然学』の最初の巻で示したように，少なくともここで関係することに限ってはより明瞭である．

<small>なぜ鉱物の科学は生物の科学よりも前に論述されなければならないか</small>　自然学関係の著作の体系中でこの書物の占める位置は，『気象学』の末尾で十分に述べたが，論じられるべき課題の順序は以下による．石や金属は，根，葉，花や果実などの多くの部分からなる植物よりも均質である．均質なものは，必然的に不均質なものの前にくる．そのため，石やその他の鉱物の論考は，生物体のそれよりも前にくるべきである．

第2章　石の質料

　石の性質について考察を始めるに当たって，まず一般論としてすべての石の質料[11]は**土**[2]または**水**の一種の形相である．これらの元素のいずれかが，石の中で卓越しているが，**水**のある種の形相が卓越しているように見える石においてさえ，**土**もまた重要である．この証拠として，すべての種類の石は水に沈むことが挙げられ──『宇宙論』で述べたように──これらは**土**の質料に富んでいるに違いない．軽い元素がもっと卓越していれば，必ず水に浮かぶはずである．しかし，軽石のように多孔質であるか，焼けたり焼かれたりして多孔質になっているものや，

---

　2)　ゴチック字体は，四元素（**火**，**気**，**水**，**土**）を示し，実在の水や土から区別する．

軽石はそれ自身では水に浮くにもかかわらず，なぜその粉末は水に沈むのか

　温泉や火山の熱で噴出した石以外は，いかなる種類の石も［水に］浮かない．しかし，これら［水に浮く石］ですら，粉末にすれば水に沈む．さらに，透明な石で**水**と混合した**土質**[3]のものがなく，湿気に対して境界面があれば，クリスタルス［水晶］やベリルスのように水に沈む．そこで，氷や完全にまたは主に**水**からなる他のものは沈まない．同様に動物の膀胱や腎臓でできる石はすべて，ネバネバとした，ザラザラの**土質**の湿気からなっており，これらの類のあるものも石の質料であるに相違ない．

　特に**土**からなる石について言えば，**土**は固体の石に凝集しないであろうから，これらの中では**土**が唯一の質料ではないことは，まったく自明である．そこで，凝集や混合の原因は湿気にあると言える．湿気は精妙な**土**のあらゆる部分をどこへでも流動化させることができて，その結果として質料の各部分が完全に混合できる原因となっている．この場合，湿気が**土質**の部分の全体にわたって浸透していないと，しっかりと固めていたとしても，石が固化するときには蒸発して，後にはバラバラの**土質**の塵が残るだけである．したがって，粘っこく，くっつき易い部分があって，それが鎖の環をつなげているように**土**の成分を結びつけているわけである．**土質**の乾性は湿気にしっかりとくっつき，乾性の中にある**水質**の湿気はそれに凝集性を付与する．

　アヴィセンナは，純粋な**土**だけでは石にならないと主張している[12]．**土**はその乾性のために凝集性を生じないで，むしろ細かい破片に壊れる傾向がある．そのため，乾性が卓越すると，それはくっつき合うことを妨げる．この学者は，ときには粘土が乾固して，石と粘土との中間的なものになり，しばらくして石になる

石に変わることに関して，いかに粘土は適しているのか

と言っている．そこで彼はまた，石に変換するのに最も適した粘土は油質のものであって，その理由として，この種のものが細かい破片に壊れたり，粉々の塵になったりしないのは，湿気が容易にはそれから分離しないことにあるとしている．

　この証拠として，石そのものの中に土の層がそのまま残っていることがあり，

　3）　物質の実体的（元素のもつ）性質を形容する場合は，**土質**のように「質」で表す．

それは硬く乾いた土で，押し潰したり叩き潰したりすると塵になることが挙げられる．この原因は単純なことであり，湿気が油質で十分に粘っこくないと，石が固化したときに蒸発してしまい，土は硬いままで，周囲の固化力のために簡単に壊れてしまうからである．さらに他の証拠として，石は一枚岩ではなく，材木のように積み重なっていると，間にはさまっている土の層がしっかりとくっつき合っておらず，未だに硬い場合には，力が加わったり，風が吹いたりしたときに，バラバラに砕けてしまうことがある．この原因は，上に述べたとおりである．

　石の質料に凝集性を付与しているのは，粘っこい油質の湿気であることは，次の事実によって明示される．貝と呼ばれる動物が，石の中にある貝殻中に非常にしばしば見つかる．これらは［パリの］石の中にごく普通に見つかるが，月貝と呼ばれる貝のような小さな穴がたくさんある[13]．この原因は，そこから蒸発した湿気にあり，『気象学』の第Ⅳ巻で説明したように，周囲の物質によって閉じ込められ，自分から丸まって，まず外側が硬くなり，内側に巻き込んで，精気を獲得した．

なぜ石の中に見られる非常に多くの穴は巻貝に似ているのか

　これが，透明でないか，またはそれに近い石に共通の質料である．しかしながら，以下の章に出てくるであろう多くの種類の異なるものがある．

第3章　石の透明性の大小

　宝石と称されるような多少とも透明な石については，一般的に言って，それらに共通な質料は純粋な**水**ではない．なぜならば，これらは自然のはたらきによって造られたガラスの一種であり，そのために人工的に造られたガラスよりもより精妙な混合物であって，かつより清明な透明性をもっている．技芸は自然を模倣するが，自然の十全さに到達することはない．上に述べたこと，すなわち熱いまたは冷たい乾性によって作用された**水**が，これら［透明な］石の共通の質料であるということの証拠は，強熱すると融けて鉛，フリント，鉄やその他さまざまな灰を残すような湿気からガラスが造られることである．この湿気が**水**であることは，冷たさで固化し，強力な乾いた熱で融けて液化することから明らかである．しかし，この湿気が**土**質の燃える乾性による作用を受けたことは，すでに述べたように，最も強い熱で焼くと融けて灰だけ残すという事実により証明される．錬

金術に依拠したガラス製造技術では，次のことが明らかにされる．石や土のより精妙な蒸気はときどきまわりのものによって閉じ込められ，自ずと収縮しているので，いくらか湿気を帯びた粘土製の壺を［窯の中に］封じ込めて加熱したときのように，それは湿ってくる．この湿った体液が乾性によって強力に作用され，乾性の力がその中ではたらくと，堅牢になり固まって石になる．しかし，これらは石の造られる方式ではなく，むしろ石に共通した質料であり，それについてはここで論じられるべきことである．固化が熱によるのか，または冷たさによるのかは後に明らかにされるであろう．

しかし，**水**が，この種の石を構成する質料の一つであることは，石を造り出す強い力のはたらくところでは，水が雨のように水滴として落ちたり，他の形で流れたりして，集まって石となることから明らかである．場所の性質とはたらきによって，それが落ちるととりわけ**土**質の乾性によって作用されるので，石に適した質料になる．このことは，そのような石が非常に透明なことから分かる．そこで，**火**と**気**の透明性は非破壊性ではないので，［この場合の］透明性は**水**のそれに相違なく，これらの石に特徴的な質料は**水**の性質をもったものである．

石の質料について考えた昔のある学者の言うところによれば，流水から何かが沈殿して石になるというが，私はこの説を認めない．なぜかというと，水から沈殿するものが石質物であっても，そのようにして生じた石は，その質料として**土**の力で作用された**水**ではなく，むしろ**水**の力で作用された**土**を含むからである．その証拠として，そのような石は決まった形をしているが，普通は透明ではない．また，それらにはいかなる剥離性もなく，小片に割れる傾向があると言われている．一般の人たちは，これをフリントと呼ぶ．特にその有力な証拠は，クリスタルスやベリルスによって提供される．それらは，あたかも凍った**水**の完璧なる形相をとっているかのようである．アリストテレスは，これらについて，**水**から熱が完全に除去されてできたと言っている．

前章で石の質料は単なる**土**ではなく，油質の粘っこい湿気に作用されたものであると説明したが，［この章の］石に関する限りは，単に**水**質の湿気は透明な石の［唯一の］質料ではあり得ないと知らなければならない．どこかで示したように，このような湿気［すなわち，単なる**水**］は煮沸しても堅固にならず，乾いた

熱でも固まらず，どのような冷たさでも［恒常的には］硬化しない．そのため，それはごくわずかの非常に精妙な**土**と混合しているに違いなく，加えて**土**質の乾性で大変強力に作用されているはずである．その結果，この［乾性の］力が，そのような湿った物質を，未だに**土**に変換するほどでないにしろ，湿気のあらゆる部分としっかりと結びつけているのであろう．元素のあらゆる変換において，それが物質の変換に先行しているのは，元素を変換する力は貫徹しており，変換される元素の各部分は，物質が変換される以前にすでに他の形が仮想されているからである．これらが混合されて元素からなる何ものかになると，それ［物体］は一つの元素の質料をもち，他の［元素の］はたらきをもつであろう．

ヘルメスの不明瞭な陳述を解説するための記述　錬金術師の最高の練達者ヘルメスが，その著作『秘密の秘密の書』の中で隠喩的に述べて，示唆していることであるが，石は「地から天へとゆっくりと，かつ極めて巧妙に上昇し，再び天から地へ降りてくる」．その母は大地であり，風がそれを母胎に運ぶ．錬金術の操作を教えようとして，彼は炙り焼きや煆焼で**火**の性質を獲得することを「天へ昇る」と表現している．錬金術師にとっては，煆焼[14]とは焼いたり燃やしたりして物質を粉末にすることを意味する．質料が埋葬によって**土**の性質を獲得するとき，「再び天から地上に降りてくる」といい，埋葬は煆焼によって一旦殺されたものを再生させ，育む．そのため，彼が「風が胎内に運ぶ」と言うときは，質料を「軽やかにする」ことを通して**気**の性質にまで高めることを意味する．ランビキ[15]の口から**水**質または油質の液が，元素のすべての力とともに蒸留されて，流出する．

技術と自然のはたらき方の違いについての注意　技術によってこれを成就するには，骨折りと数多くの失敗があってのみ可能である．しかし，自然は難も苦もなく実行する．これは石や金属の質料に存在する力のためで，このような作業に当たっては，確実で効果的な天の力がはたらくからである．また，この力は質料が不均質であるなどというような，何か不都合がない限りは，過ちを犯すことのない知性のはたらきでもある．錬金術では，この類のものは何もなく，単に熟練と頼りにならない**火**の補助があるだけである．

土か**水**かのいずれが石の質料とされても，それらは他の元素の質によって強力

に作用されているに違いない.

　これをもって，石に共通な質料の説明とする.

第4章　学者たちの異なる見解による石の生成と動力因

　石について述べている人のほとんどすべては，石の生成因は鉱物形成力にあると言っている．しかし，この力は石ばかりでなくすべての金属にも共通してはたらくので，石の成因とするには不十分である．これら［の権威者］は，「鉱物形成力」［という言葉］によって具体的にどのようなものを意味するのか，はっきりとは示していない．さらに，この「鉱物形成力」によって石が土と水から造られたという以上のことを，アヴィセンナからも知ることはできない．

ヘルメスの見解　　ヘルメスもまた，「［普遍的な］力」について論じた書物の中で，石の生成因は一つの力であって，それが生み出すものが多様であるために現実には異なる名前で呼ばれているだけで，本当は唯一のものであると言っているように思われる．彼は，一つの例として太陽の光を挙げており，それだけであらゆるものをつくることができるが，一度分割されると，作用するものの中では最早一つの力としては作用せず，さまざまな効果を及ぼすとしている．彼は，この力の源泉を何よりもまず火星に帰している．しかし，すでに述べたように，他の星からの光とそれを受け取る質料のはたらきに比例してその力は大きく変化するので，石や金属のさまざまな種類はそれぞれ異なった場所で造られる．

反論　　　この陳述は自然にはまったく反している．というのは，われわれは能動と運動を起こし，おそらく星とそれらの力や位置の中にある第一原因を探しているのではなくて，それは他の分野が取り扱うべき事項であるからである．もしヘルメスの言うことが正しいとすると，石を造る原因が一度知られれば，生成されるものすべての原因を知ることになる．われわれは，天体の運動や力，すなわち星が天に昇りまた沈むことや，その光線は［他の自然現象の原因とは］異なった原因によることを知っている．さらに，これらは異なる仕方ではたらく能動因であって，生成されるものの質料とは何ら共通性をもたない．しかし，自然学の適正なる方法に従って，これらのはたらきに見合った原因と，またとりわけ質料とそれが何であれ［質料という意味では］同じくそれを

変換するものを探究する．

エンペドクレスの見解　それゆえ，ヘルメスのずっと後でエンペドクレス[16]は，ピュラーとデウカリオーンについて伝える古い物語の中で，石は「偉大なる母の骨」と呼ばれていることを引用して，石は燃えた熱で造られると宣言した．エンペドクレスによれば，骨は主に**火**的な部分から構成されるという．

反論　しかし，これはまったくの誤りである．なぜならば，われわれはよく知っており，また後で明らかにするように，ある種の石は冷たさで造られる．すでに『気象学』で述べたように，その主要な質料が**水**であるものは，冷たさで固まる．さらにまたエンペドクレスの陳述は十分でなく，『霊魂論』の第Ⅱ巻で明らかにするように，灰の中には熱く燃える元素があるが，それは他のいくつかの力によって作用されない限りは，ある特定の形相に変わって消滅することはない．あたかも消化熱が霊魂の影響を受けて，変換できるものを，身体の肉，腱，骨やその類の部分となる固有の形相へと転換させるようなものである．

デモクリトスの見解　デモクリトス[17]や他の何人かの人々は，元素からなるものは霊魂をもち，それが石を造る原因だと言っている．そのため，他のものには何かを生み出す種子があるように，石には霊魂があり，あたかも斧や鋸(のこぎり)をつくる職人によってハンマーが動かされるように，石を造る質料の内部にある熱を動かす．

反論　しかし，どこかで明らかにしたように，このことは成り立たない．というのは，霊魂は感覚をもつ動物からではなく，植物に初めて見られるもので，石はいかなる生命活動も行わないことから分かるように，食物も要せず，感覚や生命すらなく，霊魂に相当するものはない．その生成を説明するためだけに，石には霊魂があると言うのは根拠薄弱である．その生成は，生きている植物や感覚をもつ動物の再生産と同様なことだとは言えない．これらすべては，再生産がそれら自身の種子によるものであることは知られているが，石にはそのようなことはまったくない．石が石から再生産されたのを見たことはなく，石にはまったく再生産力はないようであるから，それぞれの石は，その生

じた場所に存在する何らかの原因で造られたものであることは自明である．

錬金術師の見解　現代の錬金術の実践家の中の何人かは，すべての石はまったく偶然に造られ，その生成に何らの特別な原因はないという．彼らは，火の熱が見つかれば，ちょうど火で焼いて，ある種の物質を煉瓦にできるように，適当な物質を焼いて石に変えることができると言う．彼らは，これらの石は，その質料以外には何も生成に与る原理はないと言う．さらに，『気象学』で明らかにしたところによれば，硬さのようなある種の質料の受動的な性質が一つの形相をとることはあっても，石は固有の形相をもたない．固化やその効力は，質料の種類とその受動的な性質に依存しているのであって，基本的な形相ではない．彼らは，すべてのことが焼く熱によって達成されるように見える錬金術の操作から，説得力のある理論を導き出し，石も金属も同じ方式で作用する何かから造られる［と論ずる］．そのため，もし固有の形相がないか，それとも不完全であるならば，自然界では何ものも固有の基本的な形相をとらないで，自然には何か特別の能動因は必要でないということになる．しかし，この理論の帰結はとんでもない誤りに陥ってしまい，すべての石は他の石と同じ種でありながら，同一の形相をとらずに，固化してそれぞれに固有の効能や硬さをもつことになり，その結果，多少ともその固有の性質または物質が異なることになる．さまざまな石には，それぞれに特有の力や作用があって，それはその石に固有な形相の帰結であるに相違ないことから，この理論が間違っているのは，まったくもって自明である．さらに，石と同じようにしてできた金属も，同一の形相をとらずに，固化する性質や硬さをもっているので，石も金属も同じ種類［の物質］に属するのであろう．また，石に乾いた熱以外の動力因がなければ――『気象学』の第Ⅳ巻で示したように――すべての石は湿った冷たさで融けるはずであるが，このようなことが起こるのを見たことがない．

　これらが，石の生成に関して昔の人々が述べたところの誤った見解である．

第5章　正しい見解に基づく石の動力因とその特殊なはたらき

　さて，これらすべてのことから正しい結論を導き出すと，鉱物の形成因は，石をつくるようにはたらく鉱物化力であることは真実この上もないことである．こ

論考Ⅰ　石の一般論

の鉱物化力は，石と金属，さらにそれらの中間物の形成に共通したある種の力である．さらに付け加えて言うと，それが石を造るのにはたらくと，石［を造る］特別の［力］となる．その力に特別の名称はないが，それがいかなるものであるかは，類推によって説明しなければならない．

　さて，食物の残り滓である動物の種子とまったく同様に，現実に動物を形成し造り出すところの，動物を生み出せる力が精管から出てくることもある．また，その種子はあたかも職人がその技術をもってつくる製品の中にあるかのようでもある．石に適した質料中には石を形成し造り出す力があって，あの石やこの石の形相を発現させる．このことは，木から滲み出るゴムでより鮮明に認められる．これらは，**土**質の乾性で強力な作用を受けた湿気であることは知られており，それが冷たさで固化したものである．それが木の中に残って，滲み出さないでいると，木の中の力がそれを幹，葉や果実に変えてしまう．油質の湿気の作用を受けたところの乾いた質料か，または**土**質の乾性で作用された質料が石に適している．後で見るように，精巣の種子が精管に導かれると自ずと生ずる生産力のように，星と場所の力で石をつくることのできる力が生ずる．それぞれの物質は，その固有の形相に応じた特有の力をもつ．これが，プラトン[18]が言ったことで，天然物に作用する天の力は，その価値に応じて物体に注ぎ込まれる．

石を造り出す鉱物の力には2つの道具がある　『自然学』で述べたように，ものを固有の形相にするあらゆる形相因は，特有の道具をもち，それを使って作品を造り出す．この力もまた石の固有の質料中に存在し，異なる自然条件に応じて2つの道具をもつ．

　その中の一つは熱であり，油質の湿気の作用を受けた**土**から湿気を追い出し，質料を分解し，それを石に固化させるはたらきをする．この熱は，あたかも動物の種子を分解し，変換させる熱が種子の中の形成力で制御されるように，形成力によってそのはたらきの過程で制御される．いっぽう，明らかに熱が過剰であれば，質料を燃やして灰にしてしまい，もし逆にそれが不足であれば，質料を未分解のまま残し，石を形づくるのには適しない．

　他の道具は，**土**質の乾性で作用された**水**質の湿った質料であり，これは冷たく，金属におけるように湿気を［石に］固化させるほどには活動的でないが，湿気を

追い出すことに関しては活動的である．これによって，極めて顕著な硬化と固化をもたらす．これは完全に湿気を追い出すので，質料をくっつけておくのに十分なだけしか湿気は残らず，そのような石は，乾いた熱によってはいかにしても液化できない．これがアリストテレスの言ったところであり，結晶は**水**から熱を完全に除去することによって生じた．

　この証拠としては，錬金術の操作において，他に何か湿った物質を加えることなしには，石を液化できないことがある．なぜ錬金術師の操作によっては，金属よりも石を造るのが一層困難であり，成功しないのかは明らかで，それは質料にいかなる形成力も与えることをしないからである．形成力の代わりに不確かな技術があるだけで，道具としては燃える熱だけであり，それを扱うことに関してはほとんど当てにならない．形成力と呼ばれるものは，天から場所と質料を与えられ，質料や道具に関しては確かで，その道具は質料に正確に見合っており，そのため本来的に操作に際しては最も確実にはたらく．

なぜ錬金術師の操作[石を造ること]は困難で不完全か

道具の中で注目すべきものがもう一つあり，それは冷たさである．しかし，それは生き物に生命を与えるのには何の役にも立たないが，石を造る能力はある．なぜならば，石は元素からそう遠く隔たってはいないので，[石の]質料では元素はごくわずかに変換されているだけで，元素の質はほとんど変化しないままだからである．

冷たさは[石の生成に]関係のない性質であるとするよく知られた主張は，どのように理解されるべきか

第6章　石の基本的形相

　石に基本的形相があることについて，いかなる疑問を抱くことも馬鹿げたことである．なぜならば，それらはすべて固化しており，ある一定の固有の形相に従ってその質料が配列しているからである．もし元素の配列が，一つの元素が他の元素に次々に変換するとか，例えば雲とか雨とか雪とかの何かになるようにして起こるのであったならば，石はそのままではあり得ないのは明らかで，たちまちのうちに再び元素に分解してしまうだろう．われわれの観察では，石はこれとは正反対の性質をもっている．さらに石の中には，どの元素にもない力，すなわち

毒を無力化したり，膿を追い出したり，鉄を引き付けたりする力があり，また後で示すように，その力はそれぞれの石がもつであろう固有の形相の結果であるとするのは，すべての賢明なる人々に共通した見解である．このことから，石はその固有の形相をもつことが明確になった．

　この形相は，昔の人が考えたような霊魂ではなくて，『霊魂論』でも明らかにされるであろうし──すでに『自然学』の冒頭でも述べたように──霊魂は唯一の機能だけではなく，偶然ではない，その固有の力が執り行う多くの機能を有している．それに対して，石の性質は唯一の機能だけであり，それが執り行うことはその必要があるからで，霊魂の場合とは異なる．さらに，霊魂の第一の機能は生命であるが，石には生命の特徴は何も認められない．もし石が食物を摂るなら，食物の落ち込んでいく空隙や通路が必要であるが，多くの石は硬くて緻密であることから明らかなように，食物を取り込むための空間を割って開くことはできないので，そのようにはなっていない．さらに，もし石が食物を摂るのであれば，第一にそれを取り込む植物の根とか動物の口とかのような器官がなければならないが，石にはそのようなものは何もない．石の霊魂も土質であって，下へ押しやられるというのも正しくなく，多くの自然学者が主張しているように，それで生命の感覚［の力］を試すことはできない．この考えでは，自然は必要な機能を果たすであろう器官を石には与えずに，［石は］必要なものにこと欠いているのであろう．したがって，石には霊魂はないが，天の力で賦与された結果として，元素の特別な混合によってつくられる基本的な形相をもっている．

　それらにはほとんど名称がないにもかかわらず，石にはそれぞれ違った名前をつける基礎となる差異がある．それらは，トゥファ［p. 26 参照］，シルス［軽石］，大理石，サフィルスやスマラグドゥス等々と呼ばれる．しかし，これら［の名前］を知らないときには，遠回しの言い方で，定義の代わりに偶有性［p. 21 論考 II 参照］や見かけでもってする以外には，石を的確に定義できない．しかしながら，石は混合物[19]の一つであり，この混合物である一つの物体が運動と単純な変換によって変異したものであるために，その性質は理解できる．さて，混合物は2つ［のグループ］に分けられる．すなわち単純な混合物と複合物である．石は前者に属し，後者でないことはよく知られている．

これまで述べたことをまとめると、石は複合物ではなく、単純な混合物であり、鉱物化力で固有の形相として固化したものだと言える。これから、石はいく種類かの元素からできているにもかかわらず、生き物よりもより一層均質であるように思われる。この理由から、石の科学は複合物についての科学よりも前に取り上げられるべきである。石には多くの形相があり、［例えば］大理石のグループには斑岩[20]やアラバスターなどを含む。他の石の部門に関しても同様であるが、ここでは列挙せずに、後にそれらの偶有性や硬度から、その形相が明らかにされるであろう。偶有性はそれぞれに特有のものである。一度このことが分かれば、その性質は十分に明白となる。

しかし、究極因を探す必要はない。なぜならば物体は形相が究極因であり、その本質的で特有の原因を知れば、それぞれのものを知ったことになり、あらゆる石が共通にもっていることを完全に理解できる。

しかし実のところ——前に明らかにしたように——その生成の場所もまた基本的であって、すでに述べたことに加えて、どこで石が生じたかを知らねばならない。というのは、場所は動力因の一つであり、石の形成力はまず初めにそこに賦与されるからである。

第7章　石の生じた場所の検討

さてそこで、石がいつも、または度々生じている場所について想い起こし、場所の力とそれらの間の差異について研究しよう。

多くの石は、常に水の流れている川の岸で見つかる。これから、川の岸は石を生ずる場所であることが分かる。これらの岸は、あるところでは速やかに石を生じ、他のところではゆっくりと生じるという点において違いがある。ギオンと呼ばれる川の岸のあるところでは、アヴィセンナや他の学者たちが調べたところと同様に33年間で石が生じている。しかし、すべての流れがその岸で石を生じるほどには活動的ではない。沼地の水は土が溶け込んでいるので、石を生じるどころか、逆にそれを溶かしてしまう。また、ある地域では、水のあるところであっても、ほんのわずかしか石を生じない。

さらにまた、山は石質であることもしばしばあり、これから山地も石を生ずる

もう一つの場所であることがわかる．しかし，石ではない山もときどきある．これらの山は，ほとんどの場合大きくもなく，他の山とも連なっておらず孤立している．それ一つだけか，せいぜい2つか3つが集まっているだけである．多くの山が集合しているところはどこでも，石質である．またときには平野をなす堅固な平地の上に——どこにでもというわけではないが——多くの石質の山がある．これらの場所は，石を生ずることに関して活発である．

　さらに，石は非常に頻繁に水の中で生じる．もし流水が石を生む場所でなければ，そういうことはないだろう．その証拠として，流水がその流路を規定している土手から溢れ出しているところで，石を生じていることがある．しかし，水の流れているところでは，どこでも石が生じるわけではない．ピレネー地方のあるところでは，雨水が石に変換されているのが観察されているが，それが流れているところでは，水のままで石に変換されることはない．同様に，流水や海水に浸かっている樹木は，木の姿のままで石になる．ときには流水や海水中に生えている草もまた性質が石に近く，空気中で乾燥させると石になると考えられる．その

石炭の成因についての注　　証拠としては，まず石炭と呼ばれる石があり，これは疑うまでもなく樹木や草からできたものである．最近では，リュベック近くのバルチック海で木の大きな枝が見つかり，その上にカササギとその巣があった．巣の中で雛が赤っぽい石になっていた．これは，木が巣のついたまま風と波で倒され，鳥は水の中に落ちて，後にそこの場所の力で，完全に石に変わってしまったのである．

ゴチアの泉についての注　　また，ゴチアの泉では，その中に浸かったものは何でも石に変わってしまうという確かな報告がある．フリードリッヒ皇帝[21]は，印をつけた手袋を送って，この話が本当かどうかを試した．数ヶ月の間，手袋の半分を泉につけると，印をつけた半分のところまで革が石に変わり[22]，残りの半分は革のままだった．信頼できる人たちの信用のおける話では，泉に水が流れ落ちたときにその衝撃で土手を飛び越えた水滴は，その大きさの石になるという．しかし，流れ出した水は石にはならずに，そのまま流れ続ける．

　自分の目で確認したところでは，クリスタルスは万年雪のある高山でつくられる．しかし，これらの場所でも鉱物化力がなければ，それは起こらない．

これらのことすべてから，石を生じた場所について何か確かなことを述べるのは不可能である．[石は] 唯一ではなく，いくつかの要因で，また緯度だけではなく，すべて[の場所の条件]で生じる．さらに注目すべきは，生物の体内でも生じ，雲の中でも生じる．これらすべての場所から一つの共通の質料を導き出すことは，極めて困難であるけれども，そのことは間違いない．混合物のある特定の種類は，常に唯一の原因の結果であるのは疑いない．すべて生じたものには，形成場があり，そこから離れると分解され，分散してしまう．

なぜ雲の中に石が生じるのか

第8章　ある場所で石が生じ，他の場所では生じない理由

唯一であって，あらゆる場所で同一の力を研究しようと思うのであれば，自然学に関する先行の書物で明らかにしたことを想起しよう．すなわち，星はその光の量，位置と運動によって，地上で生成したり壊れたりするものすべてに対して，その場所と質料に影響して，それを動かし，統制する．星によって決められた力は，『地理学』で説明したように，それぞれのものが生ずる場所に注ぎ込まれる．元素を造り，元素からすべてを造り出して，構成するのはこの力である．

場所の力は，3つの[力の]組み合わさったものである．その中の一つは，起動者が天球を動かす力である．第二は動かされた天球の力であり，それは各部分がより速く動いたり，またはゆっくりと動いたりするために，互いに位置を変える結果としてできる像のすべてを動かす．第三は元素の力であり，すなわち，熱，冷，湿，乾とそれらの混じったものである．さて，これらの力の第一のはたらきは，造り出されるあらゆるものに形を与えることを支配する形相のようなものであり，あたかも芸術が芸術作品の材料に関係しているのに似ている．第二は，手のはたらきのようなものである．第三は，芸術家の手によって，その意図する結果に向けて動かされる道具のはたらきのようなものである．そのためアリストテレスは，自然のあらゆるはたらきは「知者」の仕事であると言っている．ちょうど胚を形成する力を子宮が受け取るように，場所はこれらの力を受け取る．石を生ずるように仕向けられた力は，石を生ずるあらゆる場所に共通して存在する**土質**または**水質**の質料の中にある．あたかも腐敗によって生じた動物に，星によっ

て生命力が注ぎ込まれるように，石の質料に石の形成力が，すでに説明したようなやり方で注ぎ込まれる．

　油質の**土**が，それに濃集した蒸気と混合したり，または**土**の力が**水**のもつ性質を攻撃して，それに強力に作用した結果，乾性に変換してしまったところはどこでも，確実に石の生ずる場所である．そのため，蒸気が逃げ出さないように表面がぴっちりとしている土は，石をたくさん生じる．しかし，灰のように軽い土とか，水にその特有の性質を付与するどころか腐らせてしまうような土は，石を生じることはない．

　これが，石が定常的に水の流れる岸で生じる理由である．なぜならば，そのような岸は大変しっかりしていて，立ち昇る蒸気を保持できるからである．また，これらの岸は蒸気に満ちているが，それは水面で反射した光の熱が，水の冷たさによって岸に向かって追いやられ，その熱が**水**のくっつき易い部分に取り込まれ，**土**と**水**との混合物を焼き固めるからである．同じ理由で，そのような川の底は石に満ちているが，それは岸に沿う土の中で熱が水の下を通って，蒸気が逃げ出すであろう隙間を水がすべて塡めてしまい，熱が混合物と混ざり，同時に石に焼き上げるためである．これが，そのような場所が石を生じるのに活発な理由である．

　その中に入った水も，非常に強力な鉱物化力を帯びた質料の中を流れる間に鉱物に飽和していて，それに浸されたものは何でも石に変換されてしまう．その場合，石を造ったり形づくったりするときにはたらく力が，大きくなるかまたは小さくなるかの度合いに応じて，［石に変換されるのが］速かったり，遅かったりする．水が泉から流れ出して，岸のところで水滴になったものは，単に泉，川や海に従って流れているものよりも，速やかに石に変換される．この理由は，［鉱物化力は］分割された少量の［質料の］方に対して，分割されていない大量［の質料］に対してよりも，より速やかにはたらくからである．しかし，同じ水でも他のところを流れているものは，石に変換されない．その理由は，何であれそれが生じた場所から離れると破壊されてしまうように，鉱物化される場所から遠く隔たっていると，水は蒸発して壊されてしまうからである．

　実際に水がそのような力を吸収し，飽和していることは，硫黄(いおう)や雄黄(ゆうおう)の味や苦

味などの水が示す他の偶有性によって証明される．なぜならば，水はそれが通過する場所以外からは，これらの味を得ることはないためである．同様にして，鉱物化蒸気は，蒸気の形として，石質の質料といっしょに，水，草や動物の体等々の**土**質の物質をもっと素早く変える．これらは水に浸すと，この鉱物化力によって侵されて，石に適した質料である**土**質の何かに変化させられる．やがてそれは，**水**に蒸気として溶け込んだ鉱物化力によって乾かされ，固化して石の固有の形相をとる．

非常に高い山脈は，『気象学』で説明した理由によって，常に大変寒い．この冷たさは湿気を追い出して，雪の**水**を侵し，その中に乾性──これが極端に冷たい原因であるが──を注入する．その後に乾性が脱けると，氷をクリスタルスや他の透明な石に固化させる．

これで，石を生じる場所や，それらの間の似ていることまたは違っていることが容易に理解できる．

第9章　どのようにして場所の力が石の性質に作用するか

これまで述べたことを理解するためには，もう一つのことが残されている．いかにして一つのものの力が，他のものにはたらきかけて，それ自身に変換させるかということである．これは，元素の相互変換について説明したところから理解できる．**土**が水を［**土**に］変換させるときに，最初に土の力が［**水**の］物質の中に入り，それを変える．おそらくそれを支配し，固守するであろう．そして**水**は，その透明性を失うことなしに堅固になり，境界面で限られるようになる．それは最終的には破壊され，土に移行して，土の性質である不透明性と乾性を獲得する．他の元素についても，相互変換するときは同様である．草の液や動物性の食物で見られるように，混合物に関しても，まったく同様である．これらにおいても，生き物の力は最初に質料を変質させ，次いでそれを侵し，固守してから，形成されるべき体の各部分に変換させるのであろう．石を形成する力に関してもまったく同じで，**水**でも**土**でもそれが侵入するところでは，初めにそれが触れる質料を変えて，それを支配し，固守する．その後で，それを保持し，征服して石に変換する．

このはたらきは3つのやり方で行われることになっているが,実際にはそれ［やり方］は無限にある．そのやり方の一つは,質料を侵す力で,はたらきを起こす能動的と受動的な質に関してのみそれを変質させるが,これは弱い力である．第二のやり方は,質料を変質させるだけでなく,硬さや軟らかさなどの,これらの質の二次的なはたらきをも変質させる．しかし,これによっても質料の不透明性や透明性を除去することはできない．これはより強い力であり,このやり方で透明な石が造られる．第三のやり方は,質料を完全に侵し,二次的なはたらきやその結果をも変質させる．その結果,質,硬さや軟らかさ,さらに質料に属する色すらも変質させる．このやり方で,**水**からつくられた石の中で透明でないか,あるいは完全にはそうではない,玉髄(ぎょくずい)や「蟇石(ひきがえる)」［クラボディナック；p.46参照］と呼ばれる石などその他の石がときどきできる．これらすべてのやり方においては,後に宝石を扱うとき［p.33第Ⅱ巻参照］に触れるように,多くの段階がある．

この例として,しばしば**土質**の力は湿気にはたらきかけ,冷たさと乾性を追い出すが,冷たさや乾性のような力をいくらか残すようなやり方で**水**に作用する．そして,その水で洗ったものは徹底的に乾燥されて,冷やされる．錬金術師は,変換させようとするものを乾燥させて固化させるのに使うため,この種の水――すなわち異なる元素の質を現実態としてではなく,可能態としてもっている――をつくろうとして一生懸命に努力した．そのために,彼らは『7つ［12］の水』[23]という書物をまとめ上げた．

またときには,**土質**の力は**水**の冷たさに湿気を追い出させて,乾性が固体の状態になるような仕方ではたらきかけるが,**水**の透明性は不変のままである．**水**の透明性は,冷たさが湿気の性質かその両者をどの程度もっているかにはよらず,天の物質［エーテル］を共通にもっているかに依存する．そのため,［透明性は］その性質上,能動性か受動性かのどちらの性質がはたらくかということよりは,**水**の中に本来的に備わっているものである．［透明性は］元素の中で,能動性や受動性よりもより普遍的である．**土**の冷たさと乾性が,このやり方で作用すると,必然的に**水**に二次的な効果である硬さや固体性を導入し,透明な石ができる．しかし,しばしば**土**は**水**に勝り,その物質を不透明な土に変える．それで水から不

透明な石ができる．それらはとても黒く，川の岸にたくさんある小石のようなものである．これらは，ときには**土**質の質料から造られるが，このことについては後に説明する．**土**について述べたことは，他のあらゆる元素の質についても適用して理解されねばならない．

元素の力は質料因であり，天の力は動力因で，動者の力は形成因であることを付け加えておく．これらすべての結果が，先行の章で述べたように，石の質料とその形成場に注ぎ込まれた力である．

これをもって，石一般の生成を理解できるであろう，その原因に関する十分な説明とする．

論考 II
石の偶有性

第 1 章　石の内在的性質［良質・悪質の混合物］

　石の内在的性質について述べよう．すべての石には，一般的にそもそもの初めから存在する多くの偶有性がある．その中で最初のものが，質料の混合である．もし質料が著しく乾いていれば，うまく混じり合うのは難しいであろう．さらに，［石のできる］場は多孔質であって緻密でないか，または緻密かのどちらかであろう．多孔質でなくて緻密であれば，砂利の塊ができる．それを手で摑むと，それを固化させた乾性と熱の量に応じてさまざまな大きさの砂利になる．そのため，熱で乾燥させたときは，［手で］しごいて砂利にすることができる場合がある．しかし，［形成］場が非常に多孔質であれば，熱が全体に浸透して，油質の**土**を焼き，さらには熱が質料を細かい破片に分割して，細粒の砂利に焼き上げてしまう．もし質料が粘っこいと，分裂していろいろな大きさの小石になる．それらは極めて硬く，質料の違いに応じて色も異なる．

　しかし，切断すると極めて平滑な面をなす石は，最も細かい塵のみがこすり落とされるだけであって，非常によく混合した質料からなっている［ことが分かる］．最初に湿気がそれに作用して，乾いた［質料の］あらゆる部分を他のすべての部分に流し込ませ，後に湿気は攻撃を受けて［追い出され］乾固することになった．そのために，そのような石はよく湿っている．精妙で湿ったものは，よく混合することができる．それについては，『生成消滅論』の第 II 巻で述べたように，部分や最も細かい粒子にすら侵入できるからである．しかし何よりも，これらの石は蒸気で混合された結果，十分に混じっているので，何によってでも磨かれて輝くようになる．これは蒸気の物質が**気**の精妙さに近くなり，**水**と**土**の両者がより精妙になって，それらの本来の形相よりもむしろ**気**のそれに取って代わり，互いに浸透するためである．これが，緻密さや堅固さ，また反対の性質をもつ原因である．何ものもその質料がよく混合していれば，熱が湿気を焼き出して

乾固させない限りは，堅く緊密で著しく緻密である．

　この証拠は，自然を模した技芸の操作で認められる．煉瓦工は，部分を結合させるために土と牛糞などの類の何かを最初に混ぜる．材料が粘つくようになったら，完全に混ぜ合わせるようにする．よく混ざれば混ざるほど，石はより平らで堅固になる．陶工も同じようにするが，粘土を何かの形にしようとすれば，原料には土の類をまったく加えずに，グリースと呼ばれる粘り気のあるものを加えて，成型する前に完全に混ぜ合わせる．湿気をしばらく残しておいてから，その余剰な分を太陽熱で乾かして，最後に壺を火で焼き固める．

　それゆえ，自然もまた石を混ぜるのにこの方法を使っているに違いない．このように**土**は，最初に液体としてでも，蒸気としてでも湿気として浸透して，過剰な湿気がそれから分離して，そののちに長期間にわたって［残りの］湿気がそれに取り込まれて，それをくっつける．それは，焼いても熱で追い出されることはない．その結果，質料は焼かれて石に変わる．ときどき**土**が石とともにくっついていないことがあるが，そのような質料は完全な作用を受けておらず，分解されずに残っていることが分かる．しかし，**土**質の乾性と冷たさがはたらくことによって**水**からできた石は，緻密で磨いたように滑らかである．なぜならば，**水**は滑らかさにおいて有数のものであり，そのあらゆる部分がすべての部分に流れ込んで，くっつけ合わせて固化させ，硬くして石にするからである．以上が，石が混合することによってできる，そのでき方の説明である．

第2章　宝石の色の違いの原因

　石の色については，どのようにして結論に至ったのかについては，『感覚論』から学ぶ必要がある．この学問については，後に適宜述べることとして，ここで仮定されたことに関しては，そこで説明されるであろう．透明なものは何であれ，どのような種類の物体でも，それを構成するもので，その中に多くある透明な部分によると仮定しよう．さらに，白は何であれ，その中に分布する多くの透明な部分によって生じ，黒は同じ物体でも，不透明な部分が透明な部分を上回ることによる．中間［色］は，『感覚論』で説明される3つの方法に従って，これらが組み合わさって生ずる．

そこで次のように考えられる．すべての透明な石は，土質の質料で固められ，作用された多量の**気**と**水**の質料から生ずる．もし透明性が特定の色ではなく，**気**か**水**の透明さを保つならば，それは極端な冷たさが質料に作用した証拠である．これは，クリスタルス，ベリルス，アダマスやイリスと呼ばれる石の透明さのようなものである．それらは，透明さと**水性**[1]に関して差異がある．クリスタルスでは，質料は**水**のみではなく，**気性**に近い**水性**であり，その結果として極めて透明であり，ほぼ完全に清明である．ベリルスは**水**により近く，その中に大きな水滴があれば，［逆さにすると，内部で動くのが］見える．アダマスは，**土質**の乾性により近い**水性**をもち，そのためにより暗く，極めて硬く，最も硬い鋼以外のすべての金属を引っ掻くと，傷がつく．鋼鉄は**水質**と**土質**が完全に固化されている．それで，アダマスの石は鋭い角があれば，すべての鉄を切り裂き，金属に対しては何であれ，それを割るようにして突き刺さる．しかし，イリスの一部は蒸気から，またその一部は，消えてなくなろうとする露の玉が固化してまさに露になろうとするかのような**水**からできている．そのため，太陽光に当たると，向かいの壁に虹色を映す．これらのよく似た石は，同様の質料からできている．

<small>水晶とベリルスの質料の違い</small>

　川岸に，暗色で透明度がさまざまな石がしばしば見つかる．その色は，単に透明性と結合したか，または多少とも完全に混じった暗色の**土質**に起因する．すでに述べたことから，色の原因を理解することは容易であり，これ以上説明する必要はない．

　石の黒色は，燃えた**土質**［の質料］によって最もよく引き起こされる．そのため，黒色の石はときには硬いことがあり，磨くことはできるが，切断することはできない．この色は，単に混合物中で透明性が欠けていたために生じたが，これについては，色の科学を論じるところで出てくるであろう．

　中間色は，赤，緑，青と，これらの色調の変異である．『感覚論』で述べるように，明るい透明性が薄く燃えた透明性で覆われると，赤が現れる．この色は，「アクァティクス」［水ヒヤシンス］と呼ばれる石や3種類のカーブンクルスに現

---

1) 四元素の本来的性質（本性）を表すのに，**水性**のように「性」を使う．

れる．そのためアリストテレスの言うように，本性上すべて熱い．赤色には，異なる色調がある．それがもし透明性が高いか，またはそれを覆う煙が大変に薄く輝いていれば，色はパラティウスまたはパラティウムと呼ばれるものになる．もし透明性が高く，煙か火のように燃えていて濃ければ，色は本物のカーブンクルスになる．カーブンクルスの本来の固有の形相に達したものは特に清く，透明な水をそれに注ぐと，暗闇で火のように輝く．しかし，透明性がわずかに劣り，その上に漂う煙が少し暗いと，その色は柘榴の実の色をしたグラナトゥス[柘榴石][と呼ばれるもの]のそれになる．これらの3種類を合わせて，アリストテレスはカーブンクルスと呼んだ．彼は，その中で最も高貴で硬いものはグラナトゥスだと言う．しかし，宝石商・職人は，これはあまり価値がないと言う．

　しかし，人によってはアクァティクス[水ヒヤシンス]と呼ぶ石では，**気**ではなく**水**の清明な透明性からなる色を呈するものもある．これを覆う水蒸気があり，あたかも空の雲やあけぼのの霞のようである．同様にして，青い透明な石の色も見られる．もし石が非常に清明な透明物質からなっており，これに混じって非常に精妙で完全に燃えた**土質**の物質があれば，色はもっと澄んだサフィルスのそれになる．精妙で完全に燃えた**土質**の物質と混じって，透明性がより清明であるかまたはより暗いかによって，色調に違いがある．澄んだ純粋の青色は，非常に高い透明性によって生じているに違いなく，それは視覚が，いかなる光り輝くものによっても妨げられることなく，それに貫入するからである．しかし，もし燃えた**土質**の蒸気を伴うと，**水質**の透明性はわずかばかり清明度が落ちて，ヒヤシンスの色になる．それは，高貴なサフィルスの色に比べると著しく清明度が劣る．しかし，輝かしい空色は，ごくわずかの水蒸気によって薄く覆われた輝かしい透明性によって引き起こされる．

　トパシオンと呼ばれる緑[の石]がある．クリソプラススやクリソリトゥスのようなある種の石では，輝く金色の脈がある．これらの脈の色は，同じ原因でできる．スマラグドゥス，クリソリトゥスやプラマ[1]と呼ばれる石のように，緑色の透明な石がいくつかある．しかし，その色調には違いがある．これらのすべての色は，同じ一つの原因による．強烈に焼かれた**土質**と[混じった]透明な**水性**により，それが澄明かあまり澄明でないかによって，緑色も澄んでいたり，また

はあまり澄んでいなかったりする．この証拠は，鉛の混合物からつくられるガラスで認められる．これは緑色が濃いが，何回も強烈に熱せられるほどに，緑色はより純粋になる．繰り返される加熱によって透明性は純化されるが，精妙さは残り，**火**の澄んだ輝きが**水**の性質に与えられて，緑色は一層清らかになる．

しかし，茶色や青色の中間色のコルネオラ[2]と呼ばれる石では，濃く煙った**水**性とともに燃えた**土**性に制約され，かつ覆いつくされた透明性によって［この色が］生じる．これらが，宝石に見られる色のほぼすべてである．

次［の色］はオニキヌス［オニックス］で，輝かしい雪のような白さであって，それはオルファヌス［p.63 参照］と呼ばれる石の色である．縞瑪瑙（しまめのう）やオニキヌスは二色の物質からなり，二色以上の色からなるものもある．ほとんどのものは二色からなっており，一つが他の上に浮き出ている．下［層］は肉色で，**土**質で煙った質料が蒸気として混じっている．上［層］は淡色で，わずかに灰色であって，まるで不透明さが白くなったように混合物の中で透明な部分が不透明な部分に勝っている．［縞瑪瑙は］次のような物質から［構成される］．**水**質の質料が精妙な**土**質と混じってから，わずかに蒸発して，石として固化した．明るい赤や白の縞をもつオニキヌスもあり，これらの色の原因を，すでに述べたことの中から見出すのは難しくない．

しかし，明るい雪の白さは，それ自身が透明な物体から構成されていることにより，いわばそれらが固化した結果である．何であれ透明なものの粉末は，常に極めて白くて，それがくっつき合って真珠のように輝く白色の物体となる．このことは，表面が滑らかな部分で光が反射することによる．そのために，この石は，暗闇で蛍のようにわずかに光る．昼間は光が石の透明性に隠されて，明る過ぎて見えない．しかし，夜には輝き出す．その結果，昼間には，石は蛍のように白く見える．これらのことに関するすべての説明は，『感覚論』の科学で論じられる．

また，非常に多くの色からなる石もある．そのために，これらの石はパンセラと呼ばれる．それらすべての色は，それぞれの部分を構成するところの異なる物質による．同じ解釈は，物体の染色に関する限りは，多少とも成り立つ．

さて，蛍石に見られる色についての科学的な説明には，いくつかの異なる解釈がある．暗い透明性に関しては，アメティストゥスはルビヌス［ルビー］に次ぐ．

いくらか透明であるという点では，玉髄はベリルスに次ぐが，粘土や澱に富んでいる．それは，あたかも鉛が銀の模造品になるようなものである．

第3章　透明でなく，大きさに上限がなく，かつ高貴でない石の色について

　透明でなく，大きさに上限がない物質から［できている］石がある．それらにはいろいろな色があり，普通は，フリント，トゥファ，フリーストーンと大理石の4種類である．これらのすべての種類において，色は多様であり，黒，灰色やいくぶん緑がかっていたり，白かったりする．大理石を除くと，どの石も赤くはないが，特に大理石にだけは小さな赤い部分がある．これらの色の説明に関しては，前章で述べたのと同じである．ある種の大理石では，その破片はあたかも金属が混じったかのように，わずかに輝くことがある．これらは何か透明なものが混じって含まれているからで，それが濃集すると，その表面は輝き，きらめく．これが，大理石が他の石よりも，より高貴な理由である．

　そのような石の黒色は，混合物に固化した煤のような，または土質のものによって生じる．しかし，白は大量の**水**と混じった大変精妙な**土**によって生じる．そのため，煮詰めるとチーズやミルク中の**土**のように白くなる．灰色は，あたかも大量の**水**と精妙な**土**が固化を始めたように，わずかに白を変質させた不透明な**土**によって生じる．すべての種類の石において，緑色は同時に凝縮した蒸気と混じった後で固化した大量の**水**とから生じる．それぞれの部分に，多くの［異なる種類の］質料が一箇所に集められた，これらのいくつかの，またはすべての混合物を含む鍾乳石がある．またトゥファは，普通は土色か，または軽石のように白い．この種の石は，泡状の**水**と混じった**土**からつくられていて，消化熱で固化されると，オプテシスと呼ばれる．それはスポンジ状で軽い．軽石は，大量の**水**からつくられ，その泡は**水**と混じった**土**によって強力な作用を受けており，その泡の白さのために白い．大理石の中でも，アラバスターと呼ばれる白い種類のものは，精妙なる**土**によって変質させられて，強力な作用を受けた大量の透明［な質料］からなることは疑うべくもない．その結果，その中に最も高貴で輝かしい色が生じる．しかし，斑状大理石と呼ばれるものは，白い斑点をもち，暗い肉色をしている．その色の原因については，すでに述べた．フリントは，そのほとんどが灰

色で，この原因については十分に説明した．

　以上で，石の色についての説明は十分とする．

第4章　石の硬さの違いの原因

　次いで，石によって大きく異なる硬さについて述べよう．すべての宝石はたいへん硬く，鑢(やすり)でこすっても何も削り落とせない．互いに力いっぱいに打ち合っても，硬い鋼鉄にぶち当てても火花が出る．いっぽう，ほとんどすべてのトゥファは硬さが低く，通常の道具で切断できるほどである．一般にチョークと呼ばれる白い石やもっと軟らかくて白っぽい石のある種のものは，他の種類の石に比べて硬くない．フリーストーンは，石の中では中程度の硬さで，これにはいろいろな硬さのものがある．より硬い石が，寒い季節に長期間にわたって空気にさらされると，後に日に当たって多数の破片に砕けてしまうことがある．他方，それほど硬くないものでは，熱で焼かれた生石灰のように，あまりよく混合していない場合には，建築材として長期間にわたって空気にさらされればさらされるほどに，ますます良質で硬くなり，寒さによって壊れることはない．

　これらの偶有性の原因を，すでに述べたような方法で，それをつくる質料や動力因に基づいて特定するのが自然学の仕事である．そこで，硬さの一般的な原因は乾性にあるとしよう．硬いものは，それに触れるもの何にでも抵抗する自然の傾向があり，軟らかいものにはこの傾向がない．この原因は，何ものにも屈しない乾性にのみあるに違いない．乾性は——すでに明らかにしたように——石の中の性質で，その中の2つのことによって引き起こされる．熱は土質の質料から湿気を追い出して硬くするし，あるいは非常な冷たさは，透明な湿気を攻撃して，その特有の性質に変換してから，湿気を追い出し，質料を著しく圧縮して，硬くまた高度に緻密にする．［このことは］透明な石の場合には，大変に硬くて，叩くと火花が出る［ことから分かる］．それらは鑢では削れず，研いだりこすったりして磨かなければならない．

　土の質料からなる石では，より高度の硬さは，より高い乾性に他ならない．動力因としては，大なり小なり熱に依存しており，質料因としては大なり小なり質料から分離できる湿気にある．もし湿気が非常に油質であれば容易にくっつき，

完全に水質であれば簡単に蒸発する．そのために，チョークのような石やチョークよりも軟らかい石は，大変に白っぽく，それに触れたもの何に対してでも白いスジをつけるが，これはとても蒸発し易い湿気と混じっているに違いない．また，固化するのに必要以上の熱で焼かれ，煆焼され始めている．

そのために，これらを壁に用いると長持ちしない．その乾性は煆焼されているので，表面はザラザラで，継ぎ目の漆喰からはがれてしまうために，この石を漆喰では完全にしっかりと固定できない．それで，これらの石は壁から落ちてしまい，しばらく経つと，このような壁は土壁のようになってしまう．しかし，フリントは湿気が質料から分離せず，強力な土質の乾性で完全に乾かされて硬化しているので，とても硬い．その結果，その中の空隙が収縮して，漆喰を吸収しないため，それを十分には保持できない．この理由から石工は，壁を駄目にするということで，これらの石をめったに建築用には用いない．大理石は，大変によく混合され，強力に焼かれているので，硬くて壁に適している．しかし，建物にはフリーストーンが最適であって，中でも極めて硬いものは，大量の乾性と，それをくっつける［ごくわずかな］湿気を含むだけである．［湿気が］冷たさで硬くなると，外側はそのままで内側が縮む．その湿気は石の部分によく取り込まれていない結果として，内向きか外向きかに簡単に移動してしまう．そこで冷たさで無理やり動かされた後に，太陽熱にさらされると乾燥して，石は破片に壊れてしまう．他方，わずかに湿った石は，湿気が成分中にしっかりと取り込まれており，空気中で十分に乾燥させられたものでつくった建築物は時が経つにつれて，より硬く良質になる．トゥファは軟らかく，火で焼いても煉瓦のようには硬くならず，土質の灰になってしまう．

以上が，石の硬さについての説明である．ここから他の差異についても，容易に理解できる．

第5章　石の剥離性と非剥離性

これ［と同じ原理］に基づいて，剥離性と非剥離性について説明することができる．極めて硬い石は剥離性がなく，小さなかけらに砕ける傾向がある．空隙が並んでいないので，真っ直ぐに裂けない．樹木では節が，その本体をつくる樹液

の流れの変化によってできるように，石の場合もその混合物の変化や質料の乱れによってできる．そのため，節があると石が不規則で，真っ直ぐでない割れ方の原因となる．それにもかかわらず，最も硬く，乾いた石は，節があろうがなかろうが，剥離性をもつよりは，小さなかけらに砕ける傾向がある．焼結熱は内部の空隙を圧縮し，変形させて，裂けたりはがれたりする余裕がないようにする．しかし，過剰に焼結されていない石には剥離性があり，真っ直ぐに切断できる．けれども，木のように切ることができないのは確かである．一度に少しだけ割れて，他の部分はそのままである．これが剥離性と非剥離性とは何かということである．

　石工の作業の手順[3]こそ，このことをよく示している．石工は，剥離性のある石を，その表面に平行に割るが，非剥離性の石は小さなかけらに砕ける傾向があって，表面に平行には割れない．しかし，表面が平坦でなく，凸凹していると，出っ張ったところの頭が直線状に並んでいるだけで十分である．これが，レスボス島では，小さなかけらに砕け易い石しかないために，その島の石工がそのように行うと言われている所以である．

第6章　石の多孔性と緻密さの原因とその重さと軽さ

　同じように石の多孔性と緻密さの原因を検討しよう．火山が放出する石や軽石のように，水に浮くほどに非常に多孔質な石がある．また，宝石や大理石のように非常に緻密な石もある．さらに，これらの中間的な石もあろう．多孔質である原因は，実に湿気が**土**と完全には混合しておらず，分かれたままになっており，土器の内部のように焼成した後でもわずかに小孔が残っていることにある．そのために石は多孔質になる．これらの小孔に取り込まれた**気**があるために，水に浮く．いっぽう，緻密さは，とりわけ石の質料の至るところに浸透した湿気によるもので，すべての部分の，また他のすべての部分に流入している．それで石は緻密になる．湿気は液体でかつ**水**質であっても，また蒸気でありかつ**気**質であっても，**水**質のものよりも**気**質のものの方が精妙である．そのために，石は**水**質であっても，**土**質であっても，他の物質に比べて蒸気と混合した方がより緻密になる物質である．

　重さと軽さの原因に関しては，ここでは簡単に触れる．これについては，『宇

宙論』で十分に詳しく論じられており，その中で重い木が水に浮き，軽い石が沈む理由が明らかにされている．

第7章　岸に多数の小石がある原因とときに見られる人工的に並べたかのような煉瓦の列について

　これまで述べたことの他に，川岸や海岸に沿って無数の小石が，まるでどこかの壁からとってきて，強固な漆喰でくっつけたようになっていることがある．これを説明するのに，古代人のつくった建造物があったが，後にそれが水で破壊されたと言う人もいる．さらに驚くべきことに，岸全体にわたってあたかも人工的に並べたかのように，煉瓦が配列していることがある．しかし，どうしても人工的とは考えられない．というのは，幅が非常に狭くて，まったく壁のようではなく，また前後には煉瓦はなくて，横一列に並んでいるだけだからである．

　さて，この2つのことの中で，第一の小石があたかも漆喰で固められたように積み重なっていることの原因は，最初に異なる種類のフリントが硬くなったところに，火で焼かれた生石灰のような何かがあって，後に水と混じり合い，再び石を熱してくっつけたことである．その漆喰は著しく硬く，土質の乾性が乾いた熱で焼かれ，煆焼されており，さらに何度か焼かれて極めて硬くなり，火でも焼き尽くせないほどになった．このことは，人為的な操作によって証明できる．［古い］焼き物を煆焼して，湿った粘土と混ぜてから，再び焼成して壺をつくると，極めて硬くて火で焼き尽くせないものになる．このため，職人が金属を鋳造するときには，こうして造った容器を必要とする．

金属を融かすための容器についての注

　煉瓦は人造であって，自然にできたものではないと断言する理由は，どこにも見当たらない．粘着性に富んだ粘土を土に混ぜて，そこを後に火で焼くと，土の中に人造のものよりも良質の煉瓦が自然にできる．このことが，海岸や川岸のどこにでも生じることがある．これらの場所は，太陽熱で暖められるが，湿気があるために，熱があっても固体の状態を保っており，蒸発しない．この類の現象が見られるのは，このような場所に限られる．それ以外に，あたかも直線状に次々に煉瓦を並べたかのようなことや，それ以上のことが何も起こらないという理由

はない．

第8章　内部と外部に動物の像をもつある種の石

　動物の像を，その内部と外部にもった石を見つけるのは，誰にとってもすばらしいことである．外側には［動物の］外形が現れており，割って見ると内側には内臓の形が認められる．アヴィセンナは，この理由は動物がそのまま石に——特に岩塩において——なったためだとしている[4]．彼は，さらに**土**と**水**が石の質料であるように，動物もまた石の質料であると言う．石化力が発散しているところでは，それらは元素に換わり，その場の性質［熱，冷，湿，乾］の作用を受ける．その動物の体の元素は，主要な元素，すなわち**水**と混じった**土**に変換する．それから鉱物化力が［混合物を］石に変換し，体の一部をその形のままに内部と外部に留める．［塩質で］硬くないこの種の石もある．そこで動物の体を石に変換する強い力がはたらいたに違いない．その力は，湿気中の**土**をわずかに燃やしただけであって，塩の味がする．

　これを確かなものとしているのは，ゴルゴンの話である．彼女を見上げた者は，石に変えられてしまったという．強力な鉱物化力が「ゴルゴン」と呼ばれ，体液を石化力にさらすことを「ゴルゴンを見上げる」という．

　これで，石一般について必要なことはすべて述べた．

第 II 巻
宝石とは何か

QUI EST DE LAPIDIBUS PRETIOSIS

論考 I
石の効能の原因

第1章　宝石の効能の原因と石には効能がないと言う者への反論

　宝石について考えるに当たって，当面の問題に関する範囲内では，すでに前巻で十分に取り扱ったので，その色，作用の大きさ，硬さやその他のことについては述べない．しかし，どうしても検討しなければならない3つの問題があり，それは効能とその原因と各宝石の記載，およびその中のあるものに印された像についてである．これら3つのことを論じれば，石の自然学については，それ以上に探究すべきことはない．

<small>石にはいかなるはたらきも内在しないという主張の評価</small>　石の効能の原因は大変にあいまいで，自然学者はそれぞれに大きく異なる見解をもっている．多くの自然学者は，石に属すると見なされる効能，すなわち膿瘍の治療，解毒作用，人間の心臓の回復，勝利をもたらすことやその類のことが，その中にあるのかを疑っており，彼らは，結合体［混合物？］にはその成分やその結合の仕方による以外には何ものもないと主張している．しかし，石に受け継がれているとするそのようなはたらきは，その成分に起因するものではない．これらは，熱や湿

気などの性質，硬さや作用を受け容れるその許容量などの，前［巻］に説明したような類の性質にのみ依存している．さらに彼らは，石に起因するという効能は，むしろ石よりも高貴な生き物に属するはずだとも言う．これは，石に効能がないとする人たちによって使われる理屈の一種である．

　しかし，経験に照らし合わせて見ると，これらに対して最も確実な反論ができる．なぜならば，磁石は鉄を引き付け，アダマスは磁石の力を抑えることが知られているからである．さらに経験から，ある種のサフィルスは膿瘍を治療することも知られており，実際にそれをこの目で見たことがある．これらは広く信じられていることで，少なくとも巷間の俗説の中にもまったくの真実がないと言うことはできない．

　しかし，石には特別の力があるとする人々の中にも，それは石の中の霊魂によると主張する者がいる．それはピュタゴラス学派であり，彼らはこの力は霊魂に属し，単なる質料にはないとする．しかし，人がその知性を知的なものに，想像を想像したものに伝えるように，それは一つのものから他のものへとある種の生命力によって伝わる．ある人の霊魂や一匹の動物の霊魂が脱け出して他に入り込み，それを魅了して，そのはたらきを妨げると彼らは言っている．そのため彼らは，すべてのはたらきに注意して，視覚に幻惑されないようにと警告している．さらにまた，ある卜占師はある種の鳥や獣の姿を見たり，その声を聴くと，［占いの］仕事の助けになったり，逆に妨げになったりすると言う．そのため，彼らは石に霊魂を想定し，石に起因する性質をそれに帰している．

　ピュタゴラス学派は，石に霊魂があると言っており——その点においては，デモクリトスがその後継者と言える側面があるが——後世オルフェウスが詩の中で謳っているように，すべてのものに神が満ちていることを教条とした．そこで彼らは，神はものの中に浸透した神聖な力であり，さらに神があらゆるものの中に浸透している形成力に他ならないとすら言っている．そして，石には，彼らが石の霊魂と呼ぶ神聖な部分があり，それが作用するものに遠回しに伝わるという．しかし，これも馬鹿げたことである．幻惑は真実であろうとなかろうと，それは魔術に属することである．神がものの中に，本源的な性質のようにそれに結びついて，混じったような状態で浸透していると主張するのは気違いじみている．な

ぜならば，神がものに混じっていれば，神はものの中に生まれることができて，非存在から存在，すなわち可能態から現実態へと移行することになり，これを神の概念と調和させることは不可能である．神聖なことやそれに類するものは何でも，神聖なものによって神聖な存在をその中に探し求めることは真実である．このことについては，すでにどこかで明らかにした．しかし，石にはいかなる霊魂も存在しないことを，すでに先行の書物の中で明らかにした．

独自の見解 それゆえに，この類［の説］はあまりに馬鹿げたこととして放っておいて，これに関しては他に説などあり得ないと言っておこう．石はすばらしい効能をもち，その効力はその成分の中にではなく，それらの結合の仕方にあるが，それについては後に説明しよう．生き物だけが，これらの力をもっているというのも正しくない．自然界の全体を通して，高級な力によって占められているものは，低級の力から引き出され，切り離されたようになっている．この証拠に，人間のような知的な存在は，獣のように元素の変化に対してはあまり敏感ではない．例えば鳥は，時間や季節の変化を人間よりもよく察知できる．人間自身は，熟考に心を奪われていると，見たり聞いたりすることを気にかけず，目の前で起こっていることを感知しない．そのように自然界全体を通して，生き物は霊魂のより高級な力によって占められていれば，より低級でより卑しい生命のない混合物が行使する力は使わないようである．

全自然界には，それ本来のはたらきのないものは何もない 全自然界には，ヒルガオが黒色胆汁を追い出すとか，それとよく似たようなことが行われるなど，それ本来のはたらきをもたないものはない．このことは，単純薬物［の使用］や『結紮(けっさつ)と懸吊(けんろ)』の中で証明されており，動物の体の部分をいくつか首のまわりや尻に，または身体の他の部分に巻き付けると，効果的な力を発揮する．これと同じことが，ハーブ，根や木にもある．しかも，人肉や——またあまりありそうにもないが——人間の死体の乾いたものや狼の糞ですら，毒や今にも死にそうな病に対して効能がある．それゆえ，すべての石あるいは大部分の石もまた——その多くについては効能が未だよく分かっていないが——疑いもなく効能のあることが知られている．そこでダマスカスのヨアンネス[1]は，それ自身の物質に由来する独自のはたらきをもたないものはないと言う．もし次のような陳述があれば，

すなわち第一性質［熱，冷，湿，乾］は強力で，自然によって限界を与えられた本質的な形相は，神聖にして，かつ最高の存在として，まったく効力をもたない，というのであれば，それは馬鹿げたことだろう．しかしながら，［第一性質は］それらを質料に変換するに当たっては，能動因としても受動因としても作用せず，神聖にして最高のものに応じて，自然に造られた何ものかに対しては的確にそれに相応した作用を及ぼすことができる．

第2章　石の効能の原因に関する4人の学者の説

　長い間，学者は石にこめられたこれらの効能の原因をめぐって探究を続けてきた．彼らのそれぞれに異なる見解をここで総括するのは，時間の無駄であろう．あり得る4つの説にだけ触れて，その後でわれわれ自身の結論を述べてから，理由をつけてそれを実証しよう．

　ある人は，石の中にあるそのような効能は，元素に起因するという．これに対して，元素は第一性質［熱，冷，湿，乾］を通してしか作用せず，石のはたらきはこれら第一性質には還元されない，という意見が出された．これに対する反論は，元素はそれ自身の中にいくらかのはたらきがあり，混合［物］の中では元素の質は動かされ，道具として作用する．そのため，自身では行うことができない多くのことが成し遂げられる．それは，あたかも食物が摂取されて，それが肉になるような変化が，分解熱以外のいかなる力にも帰せられないようなものである．その分解熱は，同じ種類のものを寄せ集め，違った種類のものを分離させる**火の熱**に他ならないことについては知られており，『気象学』の第Ⅱ巻で述べたところのものである．そこで彼らは，元素からできた物体は，その中の元素を仲介する力として以外には作用しないので，元素からできたものにおいては何事であれ，元素の力にのみ帰せられるとする．

　これが古代の学者の見解であり，ペリパトス派のアレクサンドロス[2]が擁護しようとしたことである．そのために彼は，生き物のことは何であれ，すべてを元素に帰した．さらに彼は，知性すら元素のある組み合わせの結果だと言っている．そのために，元素自身が結合すると，すばらしくかつ高度に効果的になると言う．結合した［物体の］中で元素の性質を支配し，方向づける力は——彼によれば——

それらを結合しているというだけの結果に過ぎない．それは，彼の主張のように，すばらしいことである．彼は，錬金術の操作から証拠を示しており，わずかなごく単純な物質でも，それらが結合すると驚くべき効能を発揮すると言う．

プラトンの見解　　しかしこの見解は，すべて低いものは，独立していてすばらしい可能性を秘めている，より高いイデアによって運動させられる，と主張するプラトンの受け容れるところではなかった．彼の主張では，すべての生じるものは，このイデアによるという．さらに彼は，独立したイデアは，造られかつ壊されることができるものの質料を変換させ，変化させることによって作用すると言う．それゆえに，物質にイデアがあまり深く浸透していないものは，その中に［イデアが］取り込まれると，驚異的なことを行うのを止めない．これが彼の言うところの，宝石や他の多くの自然物についての場合である．

われわれは，この見解の証明をプラトンのみならず，アプレイウス[3]や他のプラトン主義者に見ることができる．彼らは，死すべきものの死後ですら，その中の不死のものが驚異を行うことを止めないと言う．さらに彼らは，ある人々［ペリパトス派］が述べたように，そのはたらきが元素か元素の組み合わせに帰せられるならば，組み合わせは一つだけしかないので，作用も一つしかないと言う．しかし，われわれは多く［の作用］があることを知っている．また，元素の性質がそれ自身か，またはそれらの組み合わせによって作用するとしても，これらの元素の性質はその影響する質料を変換させる以外には，はたらかない．しかし，宝石はそのような物質の変換を行うことによっては作用するようには見えない．そこで，その作用は何か独立した原理によるか，またはその他によるかのようである．これが，プラトン主義者の見解である．

ヘルメスの見解　　しかし，ヘルメスやその他の後継者の何人か，また多くのインド人は「普遍的な力」について書いており，すべてのものの力は天の星や星座に由来すると言う．さらにこれらの力はすべて，アラウルという円によって下界のあらゆるものの中に注ぎ込まれる．アラウルとは，星座の第一の円だと彼らは言っている．これらの力は，高貴なまたは卑しい方法で自然物の中に天降る．高貴な方法とは，これらの力を受ける質料が輝きや透明性において天上のものにより近い場合で，卑しい方法とは質料が混乱してもつれており，

そのため天の力が圧迫されたようになっている場合である．そのため，輝きと透明性において天上のものにより近い物体であるために，宝石は何ものにも増してすばらしい力をもつのだと言う．このため，彼らの中には，宝石は元素から構成される星だと言う者がいる．

彼らは，宝石に最も頻繁に見られる4つの色が，天上界にもあるのだろうと言う．その中の一つが星の無いときの空の色であり，誰でもその色をサフィルスと呼ぶ．これは，それから名づけられたサフィルスの卓越した色でもある．しかし，他の石ではその色をあまり帯びていないものがある．第二の色はほとんどの星の色で，明るく輝く白と呼ばれ，これはアダマス，ベリルスやその他の石の色である．第三は火のように赤々と輝く色と呼ばれ，太陽，火星やその他の星に見られ，カーブンクルスの卓越した色や，さらにパラチウスまたはパラティウス，そしてグラナトゥスやその他のいくつかの石に見られる色である．それゆえに，カーブンクルスは最高に高貴であり，かつ天のあらゆるものに輝きと力を与える普遍的な力としての太陽の力と類似した力を受け取る．第四の色は暗い「曇った」もので，星のあるものや月宿に見られる．玉髄やアメティストゥス，ときにスマラグドゥスやその他の石のような暗く曇りのある石に見られる．これらや，それと同類の議論から，これらの学者はその見解を引き出した．

アヴィセンナの見解　しかし，アヴィセンナや彼に追従する何人かは，天上の［天球の］第一動者の創意によって，すべての自然物には異形のものがときどき現れるという．このため，学者は天球を動かす知性は，いかなる方法によっても，ある特定のものをつかまえる以外には，一つの，または他の一つの運動を方向づけることはできないと，執拗に言い張っている．この「つかまえる」ということは，生き物の感覚器官に形成される「イメージ」からの類推で「創意」と呼ばれる．しかし，現実には創造されたものはすべて，恒星天球の動者が考えたことの中にすでに存在していたと説く．さらに，生まれるものは何でも——あたかもわれわれの身体が霊魂に依るように——そのすべての質料は第一動者のお蔭であるとも言う．われわれ自身には感覚があるので，形相のあるものやその他のものを想像することによって，身体が喜び，恐怖や嫌悪に対して反応を示す．同様にして天体の霊魂もときどきいろいろなことを考えて，それに応

じてものが動かされると言う．これが，創造されたものが，その成分に依存して，さまざまな力を受け取る方法である．これらのほとんどのことを石［にも応用すると］，石の中には霊魂が込められているために，多様性がより大きな他のものに比べて，この種の「創意」によって第一混合物が影響を受け易い．これがアヴィセンナやその後継者の言ったことであり，魔術や錬金術に関して彼の述べたことは，［以上のように］まとめることができるだろう．

第3章　これらの見解の否定

アレクサンドロス
［の説］の否定

ペリパトス派のアレクサンドロスの論述は，この場合には適合しない．なぜならば，熱は同じ種類のものを集合させ，異なった種類のものを［分散させる］という一般的な性質とは合致するけれども，単一のものでも，また混合物の中であっても，さまざまな仕方で作用することが知られている．これは，冷，湿や乾についても同様であると言える．しかし，石のはたらきは，一般的な，または特別な仕方でもってしても，一つの性質のはたらきだけでは十分に説明できない，さらにもっと途方もないほどにすばらしいもののようである．また，その混合と構成の在り方以外は，何ものも元素の性質を先導したり，形づくったりしてはいないというのも間違いである．そこで，仮に固有の形相がその構成以外の何ものでもないとしても，これが真実でないことはすでに明らかにされており，さらにまた『霊魂論』や『第一哲学』においても示されるであろう．石の効能は，単にその構成や元素に起因するだけではないので，魔術師は何にも増して宝石を，すばらしい効能をもった指輪や彫像に使用したがるのである．これとまた同様な理由から，アレクサンドロスの説は誤りであることが分かる．

プラトン
［の説］の否定

プラトンがイデアについて述べたことは，多く［の著述家］によって不十分であることが明らかにされている．イデアの理論は，当面の問題の範囲を越えており，さらなる検討が必要であって，どこか他のところで取り上げて論じるであろう．しかし，ここではイデアは造られるものに形相を与えるのではなく，また死すべきものや壊れるものの中に何か不死のものがあるわけでもないとだけ言っておこう．なぜならば，これらのものが壊れて

も後に何も残らないからである．混合物は元素やイデアには分解せず，それらの構成元素に戻るだけである．しかし，仮にイデアがこのような性格のものとしても，役には立たないであろう．なぜならば，それらは質料とは何の関係もなく，それと接触するわけでもなく，またそれを変換するわけでもないからである．そのような［効力］は質料そのものの中にあり，それから分離されることはない．これらと同様［の考察から］に，プラトンの説は否定される．

<small>ヘルメス
［の説］の否定</small>　　あらゆる古代の人々の中で，ヘルメスは石の効能について最もありうる説明を与えている．なぜならば彼は，下界のものの力は，すべて天上に由来するという事実を知っているからである．天上［の星］は，物質，光，位置，運動や配置によって，それらのもつすべての高貴な力を下界のものに注ぎ込む．それでも，この陳述は自然学にとっては十分とは言えないが，占星術や錬金術にとっては十分であろう．自然学では，混合物の中に存在する限りにおいてのみ，元素やその性質とか，またそのような組み合わせの結果としての基本的な形相とかいったことがらに作用する原因について議論する．プトレマイオスは，『四部書』[4]と呼ばれる書物の中で，星の効力は間接的かつ偶然に地上のものに届くために，変わり易く不確かだと教えている．間接的にとは，形相をつくる元素の力を通してということであり，また偶然にとは，どこにでもあるという理由だけから下界のものに届くことである．その分布は混乱して不確かであるために，質料はときには天の力を受け取ったり，受け取らなかったり，ときには大量に，または少量にしか受け取らなかったりする．このことを理解せずに，星で予言を行う者がたくさんいる．その結果，彼らは正しくないことを言い，その嘘のために本来は大変にすばらしく役に立つはずの学問に悪名を与えてしまうことになる．

<small>アヴィセンナ
［の説］の否定</small>　　しかし，アヴィセンナが怪物そのものについて述べていることは，奇怪に思われる．そのため，彼が想像力と呼ぶものには，人々が天の運動によって示されることや，元素の性質に関すること以外を考えない限り，何の秩序もないので，天の知性にまったく調和しない．多くのことがらをここでは省略せざるを得ないので，この点に関してはいずれ十分に明らかになるだろう．これらのことは，的確な方法で論じなければならない．学問的な

考察の範囲内では，これらのことがらは『自然学』や『宇宙論』の中で徹底的に述べられているので，ここではそれをもって十分とする．知性は活動的であり，それ自身で自然のつくる作品に形相を与え，天の運動は道具としてそれを使う．第一動者には，これ以上の意図はない．しかし，なぜ第一動者はその意図するところを，ある一つのもの，または他のものに向けるのかについては，『宇宙論』で部分的に説明したが，『第一哲学』により十全に確立されるであろう．

第4章　宝石の効能における真の原因

さて，すべての見解が否定されたので，ここでコンスタンティヌスや他の人々の一致した見解，すなわち石の効能はその固有の基本的な形相に起因するという説について述べよう．混合物では，その成分に起因するある種の効能があり，またそれ自身の固有の形相に原因するものがある．このことは，その固有の形相によって最もはっきりと識別される物体においてより明瞭に現れる．例えば，人間が人間として振舞うのは知性をもっているからであり，それは何か［実体的な］構成に由来するものではない．このことは，獣や植物においても『倫理学』で説明したように同様に成り立つが，それは，あらゆるものは自然物として形づくられ，完成した固有の形相に特有の然るべき機能，すなわち特色をもっているからである．形相はすべてを包摂するので，あらゆる結合様式が固有の形相としてはたらく．それが存在することを止めたときに，結合は破壊され分解される．形相は聖なるものとして，ものを包摂するのであって，それに包摂されるものではない．形相は何か神聖なものとしてではなく，個物として存在する以外には物質を必要としないので，必然的に物質に対する欲求はない．これらのことは，『知性論』や『第一哲学』でより明確にされるであろう．したがって，形相は2つのもの，すなわちそれを与える天の力とそれが注入される物質との中間的なものである．

そこでもし，［形相を］それ自身で捉えるならば，ただ一つの機能のみをもつ単純なる本質となる．すべての哲学者の意見が一致しているところは，唯一のものは何でも単一の機能しかもつことができず，それは何か唯一のものに由来する．しかし，この形相を第一に天の力との関係で考えると，それは天上と下界のものを通して，また形相が入り込むものが存在する地面の上に十二宮が次々にやって

くるようになっている軌道とすべての星座によって伝播する．第二にその形相の機能に影響する元素の力との関係においては，その単純な本質を取り巻く自然の能力に応じて，形相それ自身は多様に見える．その結果，それ自身ではそれに特有の唯一の機能しかもたないとしても，多くの効力を発揮できるのであろう．そのため，原因となる力がいくらかでも，その結果の中に残らないとは言えない．これで，ほとんどすべての良きものは，その機能を理解すれば，一つだけでなく多くの目的に適っている理由が分かる．しかし，ものを形づくる質料と比較すると——ヘルメスが正しく述べているように——形相はより有能かまたはより無能かのどちらかである．これが，同じ固有の形相をもった石でも，その効能において，あるものはより有能であり，他のものはより無能であることの理由である．あるものは，その固有の形相では［特有の］効能をまったく欠いているが，それは多分その中の質料が完全に不整なためである．あたかも人間が人間であるという単純な理由だけでは，必ずしも人間としての振る舞いをしないようなものである．固有の形相は，大なり小なりある一定の釣り合いを保って，ものの中に位置を占めるわけではないが，ほとんどすべてのものの中に，まさにその存在と活動性の大小に調和して形相が存在することを，われわれは知っている．このため，ものには固有の形相の結果としてのこれらの力に関して，大いに効力のあるものとあまり効力のないものとがあり，固有の形相から必然的に生ずる力によって遂行される作用ですら，まったく受け容れられないものさえある．

> 形相がその能力に対して，なぜ同時に二様［有能か無能か］に見なされるかに関する注

『気象学』の第Ⅱ巻で述べたことを想起すると，あたかも人間のように個々の石は死すべきものであり，それが生じた場所からもち去られて，長時間経過すると壊れてしまい，その固有の名称に値しなくなるが，色や形に関する限りは，その名が使われなくなるのは，ずっと後のことである．動物の生まれるのとまさに同じく，ときどき組み合わせに不整があり，人間の霊魂にまでは達せず，人間の見かけだけをしていることがあるが，石においても質料の不整や強力に対抗する天の力の作用によって，同様なことが起こる．これについては，『自然学』の第Ⅱ巻で述べた．

以上が，石の効能の一般について述べるべきことのすべてである．

論考 II
宝石とその効能

第 1 章　A で始まる宝石

　以下に最も重要な宝石の名称とその効能について記載するが，これは経験と権威者の著作からわれわれに受け継がれたものである．しかし，科学にとって何ら役立たないものについては何も述べない．自然学［の任務］は，知られていることを受け容れるだけでなく，自然物の原因を探ることにある．ラテン語の便宜のため，石とその効能について，その名称のアルファベット順に取り扱う．これは医師が単純薬物を記載するときの慣例に従ったものである．そのため第 1 章では，A で始まる 9 つの——学者の間ではよく知られた石——すなわちアベストン，アダマス，アプシントゥス，アガーテス，アラマンディナ，アレクテリウス，アマンディヌス，アメティストゥスとアンドロマンタを取り扱う．

◇ アベストン　Abeston

　アベストン［石綿］は鉄の色をしており，そのほとんどがアラビアで見つかる．神々の神殿で示されるように，その驚異的な効能についての話が語られている．それは，一旦点火すると消すことができない．それは「耐火綿」と呼ばれるウールの性質をもち，その中に分離できないわずかに湿った油質の脂を帯びているからで，それが点火した火を燃え続けさせる．

◇ アダマス　Adamas

　アダマス[1]は前に指摘したように，極めて硬い石である．クリスタルスよりもいくらか暗色であるが，それにもかかわらず明るく輝く色をしており，火でも鉄でも軟らかくしたり，壊したりできないほどに堅固である．ところが，それは山羊の血や肉で壊し，また軟らかくできる．もし山羊がかなり前にパセリを入れたワインを飲んだとか，山地のコロハを食べた場合には，山羊の血は尿砂に悩まされている人と同じように，石を膀胱の中で砕くのには十分なほどに強力である．もっと不思議なことに，［アダ

山羊の血は膀胱の中の石に効力がある

マスは]鉛でも壊せる．それは鉛中に**水銀**[1]が多量にあるためである．この石は鉄や他のすべての宝石に穴をあけるが，内部でしっかりとくっつき合っている鋼鉄には，それができない．不確かなことであるが，ある人の話によると，固有の形成場にあるために鉄を引き付けないという．この種の石の中で，これまで発見された最大のものは，ハシバミの実の大きさがある．この石は，そのほとんどがアラビアとキプロスに産し，キプロス産のものの方が軟らかく，暗色である．多数の人々にとって不思議に見える［他のこと］は，それを磁石の上に置くと，磁石を抑制して，鉄を引き付けるのを妨げることである．しかも，その効力は金，銀や鋼鉄にはめると，より大きくなる．これを左の腕にくくり付けると，敵や精神異常者，野獣や野蛮人［の攻撃］に対して効力があり，論争や口論，お化け，夢魔の毒や攻撃に対して効力があると，魔術師は言う．この石をディアマントと呼ぶ人もあり，それは鉄を引き付けると間違ったことを言う人もいる．

アダマスの下に置かれた磁石は，鉄を引き付けることが妨害される

◇ アプシントゥス　Absinthus

アプシントゥス[2]は黒色の宝石の一種で，紅い印やときには小さな点がある．その効能は，アスベストゥス［p.57参照］に似ており，それについては［上に］説明したのと同じ理由で7日かそれ以上も熱さを保つ．

◇ アガーテス　Agathes

アガーテス［瑪瑙］は，白い脈をもつ黒い石であるが，他に珊瑚のような種類もある．さらに三番目として——そのほとんどはクレタ島で産するが——黒くてその中に黄色い脈がある［ものがある］．また，四番目はインド産で，まだらで血のしずくを散らしたようである．最初のものは，それに像を刻むのに適している．そのため，王の頭の像が刻まれているのは，ほとんどが黒いものである．これを寝ている人の頭の下に置くと，眠っている間に多くの夢を見るという．クレタ産の三番目の種類は，アヴィセンナの言うところでは，人が危機を乗り越えるようにさせ，肉体を強くするという．アラブの王のエワックスによると，この石

---

1) アラビアの錬金術では，すべての金属は**硫黄**と**水銀**からなると考えられていた．そのため金属の構成要素としての**水銀**は，ゴチック字体で表す（第Ⅲ，Ⅳ巻で詳述する）．

は人を愉快にさせたり，同調的にさせたり，説得力を与えたり，肌色を良くし，また雄弁にして，災難から身を護るという．いっぽう，インド産のものは，視力を保ち，渇きや毒に対して効く．焼くと強烈なにおいを発する．

◇ アラマンディナ　Alamandina

アラマンディナ[3]は，多分産地に因んで命名されたものであろう．すなわちエフェソス［で産し］，またの名をアラバンダというところである．それは赤い色をした紅玉髄と同じくらい鮮やかな石である．

◇ アレクテリウス　Alecterius

アレクテリウスは「雄鶏石」とも呼ばれ，曇ったクリスタルスのように白く輝く［石である］．それは，4歳以上の雄鶏の砂嚢から取り出される．7歳以上［の雄鶏］だと言う人もあり，老衰した雄鶏から取り出されたものの方がさらに良質だと言う人もいる．これまで見つかった中で最大のものは，おおよそ豆粒ほどの大きさがあった．この石は，性欲を高め，人を喜ばせ，誠実にし，勝利を得させ，著名にする力がある．それはまた，雄弁になる能力を与え，友人に同意させる．舌の下に入れると，渇きをとめたり癒したりする．最後のことは，経験的事実である．

◇ アマンディヌス　Amandinus

アマンディヌス[4]は，実にさまざまな色をした宝石である．エワックスは，これはあらゆる毒を解毒させ，和らげるとか，また敵に勝利を得，予言を理解して，夢や謎ですら解くことができるようにすると言っている．

◇ アメティストゥス　Amethystus

アメティストゥス［アメシスト］[5]は，ごくありふれた宝石である．それは，ある種の紫色をしていて，いくらか暗い透明感がある．この石には多くの種類が知られており，その中でも色合いによって互いに区別可能な5つの種類が最もよく知られている．この中の一つがインドで産し，他のものよりも軟らかくて彫るのに適している．アーロンの言うように，酔いに効き，［夜に］目覚めさせ，邪悪な考えを抑えて，知覚されることをよく理解できるようにする．

◇ アンドロマンタ　Andromanta

アンドロマンタ[6]は銀色をしており，そのほとんどが紅海で産する．それはさ

いころのように四角で，アダマスのように硬い．それは，激怒するとか，すぐに興奮するとか，悲しみや無気力に陥るなどのことに対して効果がある．

第2章　Bと呼ばれる文字で始まるもの

◇ バラギウス　Balagius

バラギウス[7]はパラティウスとも呼ばれ，赤色の宝石で，極めて輝かしい透明な物体である．これはカーブンクルスの雌だと言われているが，その色と力はカーブンクルスのそれに似ていても，牡に比べて雌のようにより弱いからである．［カーブンクルスの］「家」と呼ぶ人もあり，そのため「宮殿」とも呼ばれる．しばしばカーブンクルスがその中で生じるが，最近では一つの石の中で，外側がバラギウスで内側がカーブンクルスのものが見つかっている．そのためアリストテレスは，この石はカーブンクルスの一種だと言っている．

◇ ボラックス　Borax

ボラックス［蟇石］[8]は，蟇がその頭の中にもっているので，そのように名づけられたと言う人がいる．2種類あり，一つはやや灰色を帯びており，他の一つは黒色である．その石は蟇がまだ生きていて，体が震えている間に取り出されると，内部に青い目がある．それを飲み込むと，腸の中の排泄物や汚物を洗い流す．現代では小さな緑色の石が蟇から取り出される．この類のものだと言われる石の中に，蟇の像を見たことがある．普通は「蟇石」［クラボディナック］と呼ばれる．

◇ ベリルス　Beryllus

ベリルス[9]は，淡く清澄で透明な石であって，前に述べたように，ひっくり返すと，水滴が内部で動くのが見える．他の多くの宝石と同様に，その大部分はインドで産する．この石には多くの種類と多様なものが知られているが，良質なものほど，より淡い色をしており，内部で水滴の動いているのが見えるという．これの効能は，敵からの危難や論争に対して効果があり，勝利をもたらすことにあると言われている．また，立ち居振る舞いをしとやかにして，賢明にするとも言われている．怠惰，肺の痛み，息切れやおくびにも効き，水眼にも効果があると言う医者もいる．さらに，それを丸い形にして直射日光に当てると燃えて，火を点けることが経験的に知られている．［この石には］夫婦になるように結婚に合

意させる力があると金細工師は言う．

第3章　文字Cで始まるもの

◇ カーブンクルス　Carbunculus

カーブンクルス[10]は，ギリシア語では「アンスラックス」であり，ルビヌスと呼ぶ人もあるが，極めて清澄で，赤く硬い石である．他の石に対しては，金の他の石に対するがごとくである．すでに述べたように，他のあらゆる石よりもはるかに強力だと言われている．とりわけ特別な効能としては，毒を空気中や蒸気中に霧散させることである．本当に質の良いものは，暗がりで燃える石炭のように輝くが，私自身もそれを見たことがある．本物であってもあまり質の良くないものですら，清潔なよく磨かれた黒い器に入れて水を注ぐと，暗がりでも輝く．暗がりで輝かないものは，完全でもなく高貴な質のものでもない．リビアで最も多く産し，何種類も知られている．エワックスは，11種類あると言うが，コンスタンティヌスによれば，アリストテレスは上に挙げた3種類，すなわちバラギウス，グラナトゥス［p.56参照］とルビヌスがあるとしているという．驚くことに彼［アリストテレス］は，その中でグラナトゥスが最もすばらしいとしているが，宝石職人はそれはあまり価値がないと言う．

◇ カルケドニウス　Chalcedonius

カルケドニウス［玉髄］は，淡灰色か暗灰色に近い石である．それをスミリス［スミュリス；エメリー］と呼ぶ石を使って穴をあけて，首に吊るすと，メランコリーに発する奇妙な幻覚に効くという．この石は訴訟に勝ち，体力を維持させる力がある．最後のことは，経験的によく知られている．

◇ カルカファノス　Calcaphanos

カルカファノス[11]は黒色の石である．その効力は，声を美しくして，嗄れ声を治す．

◇ ケラウルム　Ceraurum

ケラウルム［霰石］は，空色を帯びたクリスタルスのようだと言われている．雷鳴とともに雲から降ってくることがある．ドイツやスペインで見つかるが，スペイン産のものは火のように光る．甘美な眠りに誘い，争いや訴訟に勝ち，雷の

危険から身を護る．

◇ ケリドニウス　Celidonius

ケリドニウス［燕石］には，2種類ある．一つは黒く，もう一つは赤褐色である．両者ともに燕の胃から採れる．赤いのは麻布か子牛の皮に包み，左脇の下に入れると，精神錯乱，慢性的虚弱や精神異常に効くと言われている．［コスタ・ベン・ルカ［p.159 論考Ⅲ訳註［6］参照］によると］，上に述べた方式でその石を身に帯びると，癲癇に効くという．エワックスはさらに，人を雄弁に，嬉しくさせ，また同調的にするとも言っている．いっぽう黒いのは，ヨセフスの言うように，危険な憤慨，熱狂や脅迫感に対して効果がある．水で洗うと目を治し，今やっている仕事に良い結果が出る．クサノオウ［燕草］の葉で包むと，視覚がぼやける．これらはとても小さい石である．最近われわれの修道院の仲間が，この石を8月に燕の胃から取り出したが，この時期に取り出したものは，とりわけ効力が高いと言われている．一羽の燕から，ほとんどの場合に2つ出る．

◇ ケロンテス　Celontes

ケロンテス[12]は紫色の石で，貝の身から見つかると言われている．とても大きな貝からは，真珠の光沢をしたものが見つかることがある．その石を舌の下に入れると，［未来が］予言できると言われている．しかし，月が昇り満ち始める1日と欠け始める29日にだけ効力があると言われている．また，この石の火で傷つくとも言われている．

◇ ケゴリテス　Cegolites

ケゴリテス[13]は，色と大きさがかんらん石に似た石で，削って水に溶かして飲むと，腎臓や膀胱の中の石を分散させることが経験的に知られている．

◇ コラルス　Corallus

コラルス［珊瑚］には2種類ある．すでに述べたように，それらは海，特にマルセイユの付近から採れる．一種は古い象牙のように赤いもので，他のものは白く植物の枝のような形をしている．それは出血に効くことが，経験的に分かっている．首のまわりに着けると，癲癇，［女性の］生理に効能があり，嵐，雷光や雹から身を護るとも言われている．粉末にして水といっしょにハーブや果樹に散布すると，果実が倍増するという報告もある．商売の始まりや終りを早めるとも

言う．

◇ コルネリウス　Corneleus
　コルネリウス［紅玉髄］またはコルネロスは，肉の色をしていると言う人もあるように，赤い石である．砕くと，肉汁のごとくである．この石はライン川の近くでしばしば見つかるが，ミニウム［辰砂；cinnabar］のように赤い．磨けば輝く．出血——特に生理と痔の場合——の量を少なくすることが，経験的に知られている．怒りを鎮めるとも言われている．

◇ クリソパスス　Chrysopassus
　クリソパスス[14]は，インドに由来する石である．産出がまれであるため，価値が高い．その色は，固まったリーキの汁のようであり，中に金色の点がある．クリソスはギリシア語で金を意味することから命名された．それはクリソリトゥスと大変よく似ている．

◇ クリソリトゥス　Chrysolitus
　クリソリトゥス[15]は淡い明緑色の石で，直射日光の下で金色の星のようにきらめく．それほどまれな石ではない．エチオピアから産すると言われている．それは呼吸を楽にすることが，経験的に知られている．そのため，粉末にして喘息を患っている人に投与される．穴をあけて，そこに驢馬の毛を通して左手首に結びつけると，恐れや憂愁を追い払うという．結紮について［の本で］書かれたところによると，金の台にはめ込めば，幻覚を追い払うという．それは愚かさを排除し，賢さを付与すると断言できる．

◇ クリスタルス　Crystallus
　クリスタルス［水晶］は，アリストテレスの言うように，冷たさのはたらきでしばしばできる石である．また，ドイツでは大きなものが見つかることから，場合によっては土の中でも形成されることが経験的に知られている．両者の成因は，前に述べたことから容易に理解されるであろう．もし［クリスタルスを］直射日光の当たらないところに置くと，冷えて火を発する．しかし，暖かければそういうことはない．この理由については『元素性質論』の中で述べた．舌の下に入れると，渇きを減らすと言われており，また粉末にして蜂蜜と混ぜて女性が採ると，お乳がいっぱい出る．

◇ [クリセレクトゥルム]　Chryselectrum

[クリセレクトゥルム[16]は] 金色の宝石で，朝方は大変美しく見えるが，他の時間には違って見える．これは火で分解され，消滅する．帆嚢の中で爆発すると言う人もいる．そのために火を恐れるという．いっぽう，この石には他の種類もあり，これは下等な物質が固まってできたものだと言う人がいるが，おそらくそれは正しくないだろう．これは真に金色のマーチャシータで，石と金属との中間的な物質であり，それについては後に述べる［p.145 第Ⅴ巻参照］．青と赤との中間色をした第三の種類もある．この石の効能は，疥癬と潰瘍に効くと広く信じられている．手に握ると，熱を下げる．

◇ クリソパギオン　Chrysopagion

クリソパギオン[17]は，エチオピア産の宝石である．それは暗がりで輝くが，光が差し込むとほのかな淡い金色を帯びた鈍い色を残して輝きを失う．昼と夜が繰り返すと，それに応じて，腐った楢の木の中にいる蛍のように，色が一つに定まらず変化する．これらのすべてについての完全かつ真の理由については，『霊魂論』の中で説明するであろう．

第4章　第4番目の文字Dで始まる名前

◇ ディアモン　Diamon

ディアモン[18]は悪魔［デーモン］から名づけられた宝石で，悪魔の弓のように曲がった形の二色性の石である．そのために虹と呼ばれる．それは解熱剤として使われ，また有毒物を追い出すはたらきがあると言われている．

◇ ディアコドス　Diacodos

ディアコドス[19]は青い宝石であり，ベリルスとかなり似ている．この石は強烈な幻覚を引き起こすので，魔術師に利用されたと言われている．しかし，死にそうな人にそれを近づけると，すべての力を失ったり，死を恐れたりするという．これらのことは，魔術師ヘルメス，プトレマイオス，セベスやベンチェラスらの書物から明らかにされるが，現在われわれは，そのことに関してまったく注意を払っていない．

◇ ディオニシア　Dyonysia

ディオニシア[20]は，鉄のように黒い宝石である．それには紅いしずくが透けて見えて，ワインの香りがする．大変不思議なことに，この香りで酔いが醒める．この事実は，ワインは匂いではなく，臭気によって酔いを引き起こすことによる．石の中にある香りが引き出され，ワインの臭気を追い出す．

◇ ドラコニーテス　Draconites

ドラコニーテス [蛇石][21]は，ある種の蛇の頭から取り出される．それは，赤蛇のいる東方から伝来した．まだピクピク動いていて，死にかけの蛇から取り出された石では，その効力はボラックスのごとくである．眠っている蛇に背後から近づき，まだピクピクと動く頭を引き裂いて，すばやく石を取り出す．この操作では，蛇の魂が生きた体から引きちぎられた石にくっついて残っている．死んだ体から取り出された石には効力はない．私は，スウェービのアラマニア [ドイツのスワビア] の地方にいたときに，それに類する石を見たことがある．山間の草原に15匹以上の蛇が群れていた．そこへ領主がお供の者を引き連れてやって来た．お供の兵士は，さっと抜いた剣で蛇をズタズタに切り裂いた．地面に細切れにされた大きな蛇が横たわっていた．蛇の頭の下から，黒っぽいピラミッド型をした，まわりがぐるりとほのかに青く輝く宝石が見つかった．この宝石は，この貴族の令夫人から私に贈られた．私は，それを蛇の頭とともに所有していた．この石は，怒りを追い払い，とりわけ怒り狂った動物の攻撃を鎮めると言われている．また，この石は勝利をもたらすという．

第5章　文字Eで始まるもの

◇ エキテス　Echites

エキテス [イーグル・ストーン][22]は，宝石の中で最高のものである．それは暗赤色で，アクィレウスと呼ぶ人も，またはエロディアリスと呼ぶ人もある．それは鶴が卵の間に石を置くように，鷲 [アクィラエ] がときどき巣の中で卵の間に置くからである．これを私はケルンで見たが，そこのある庭で鶴が長年にわたって子を育てた．エキテスのほとんどの種類は大西洋の海岸近くで見つかり，その中で最高のものは，エロディーと呼ばれる鳥の英雄のものである．ペルシアで

もときどき見つかると言われている．内部に他の石を含んでいて，手にもって振るとガラガラと鳴る．左腕に吊るすと，妊婦を元気にさせ，流産を防ぎ，死産の危険を減少させる．しばしば起こる癲癇の発作を抑えるという人もいる．カルデアの言い伝えによれば，もっと不思議なことに，食事に毒を盛られたと疑った人が，この石をその中に入れたら，それが食べられないようになったという．その後石を取り除いたら，食物が食べられるようになった．なぜ鷲がこの石を巣に置くのかは，よく分からない．あるときはある種の石を，他の年には他の種類の石を置く．卵や鷲の体温を和らげて，卵が熱くなり過ぎないようにするためだ，と言う人もいる．これは確かだろう．また，この石は［卵の中に］何かをつくるとか，活力を与えることに何か役立っているのだろうとか言う人もいる．さらに，鳥は卵が壊れるのを防ぐために石を置くと言う人もいるが，これは明らかに間違いである．なぜならば，卵は石にぶつかる方が，卵同士でぶつかるよりも壊れ易いからである．ある人物が毒を盛ったと疑われたときに，その石を食べ物に入れると，もし彼が犯人であれば，すぐに食物が喉につかえて窒息死してしまう．それを取り出すと，彼はその食物が食べられる．彼が潔白であれば，石を入れたままでその食物が食べられる．

鷲がその巣に置く石についての説

◇ エリオトロピア　Eliotropia

エリオトロピア［血石］[23]は，赤い血のしずくを散らした，ほとんどスマラグドゥスに近い緑色の石である．魔術師の言うところでは，これはバビロニアの宝石で，同じ色のハーブの液で磨き，水のいっぱい入った壺に浸けると，まるで日食が起こったときの太陽のように赤くなるので，ヘリオトロープとも呼ばれる．この理由は，水をすべて蒸発させて霧にして，空気が濃くなるために，太陽は濃い雲の中に赤い輝きとしてしか見ることができないからである．その後，霧は濃縮して，雨滴として落下する．［石は］魔術的な徴(しるし)と結びついた，ある種の呪文で聖別されたに違いなく，もしそれらの中のどれかを保持していれば，予言を宣べる．そのため，異教の神官は偶像崇拝の儀式のときに，この石をいつも大量に用いる．人に名誉，健康と長寿を与えると言われており，出血や毒に効くという．同じ名前の，上に述べたような薬草で磨くと，人はものを見ることができないほどに視覚を幻惑されるという．エチオピア，キプロスとインドから，非常にしば

しば見つかる．

◇ エマティテス　Ematites

エマティテス［赤鉄鉱］は，アフリカ，エチオピアやアラビアから産する石である．それは鉄の色で，中に血のような赤い脈がある．これには強力な止血性があり，砕いて水と混ぜて飲めば，膀胱，腸や生理の流れを良くすることが，経験的に知られている．また，血痰を吐くのを治す．粉末にしてワインと混ぜると，潰瘍と外傷を治す．傷にできた痂（かさぶた）を除く．また，霧が原因で視界が悪くなるのを緩和するとか，［視力を］補強する．さらに，瞬きをスムーズにする．

◇ エピストリテス　Epistrites

エピストリテス[24]は，明るい赤色の石で海から産する．魔術や護符［の本］によると，心臓の上に着けると人を安全にして，混乱を鎮める．また，バッタ，鳥，霰や雹の嵐を抑え，それらを穀物から遠ざけると言われている．直射日光に当てると，火とその光を放出することが経験的に知られている．沸騰する湯にこの石を投げ込むと，発泡が止み，間もなく冷たくなるという．この理由は，単に石が極めて冷たいからで，沸騰する湯の熱の作用を受けると，その成分の冷たさが作用し始めるからである．

◇ エチンドロス　Etindros

エチンドロス[25]は，色がクリスタルスに似た石である．それは断続的に水滴を滴らせ，高熱を患った人に効くという．しかし，［水滴を滴らせても］石は小さくならず，なくならない．この理由は，実際には石がその物質から水滴を滴らせているのではなくて，それに接する空気が水に換わるからで，天候が暖かになると，硬くて磨かれた石でよく起こることと同様である．

◇ エクサコリトゥス　Exacolitus

エクサコリトゥス[26]は，さまざまな色の石だという．練達の医者によると，それはものを溶かす性質があり，そのために，ワインと混ぜて飲むと，疝痛や内臓の痛みに効くという．

◇ エクサコンタリトゥス　Exacontalitus

エクサコンタリトゥス［六十石］[27]は，60種の色で彩られた石である．大変に小さく，リビアで居穴人によって時折見つけられる．それは神経に大変有害であ

り，そのために視覚を乱すと言われる．

第6章　第6番目の文字，すなわちFで始まるもの

◇ ファルコネス　Falcones

ファルコネス[28]はまたの名をアルセニクムといい，普通はアウリピグメントゥム［金色絵の具］と呼ばれるのと同じ意味である．これは金色と赤色の石の一つで，錬金術師はエキスの一種とする．熱したり，乾かしたりすると，硫黄と同じ性質を示す．火で煆焼すると黒くなり，昇華するとたちまち白くなる．再び煆焼すると，また黒くなり，［昇華を］繰り返すととても白くなる．これを3～4回繰り返すと，焼灼性になり銅と結合して，たちまちそれに穴をあける．また，金以外のすべての金属を激しく燃やす．銅に対しては，それを白色に変える．それゆえに，贋金造りでは，銅を銀のようにしたいときに極めて効果的であるので，これを使う．

◇ フィラクテリウム　Filacterium

フィラクテリウムは，宝石職人が言うように，クリソリトゥス［p. 49参照］と同じ宝石で，同じ効能をもつ．

第7章　第7番目の文字，すなわちGで始まるもの

◇ ガガーテス　Gagates

ガガーテス［黒玉］[29]はカカブレ［p. 58参照］であり，私は宝石の一種と見なす．それはリビアやブリタニアの海岸の近くで見つかる．ドイツの北海岸に沿う海で大量に見つかる．ブリタニアでも，しばしば産する．黒色と黄色の2色がある．黄色のものは，トパシオンのようにほとんど透明である．あるものは灰色で，むしろ黄色味を帯びた淡い色である．こすると藁に火を点け，火が点くと香のように燃える．水腫を患っている人に効くと言われ，グラグラする歯を引きしめるとも言う．それで洗った水や，下からその発散気に当たると，女性の生理を誘発し，また蛙を飛ばすという報告もある．さらに胃や腸の不調や「悪魔」と呼ばれる憂鬱からくる幻覚症状にも効果がある．さらに経験から次のことが知られている．すなわち，それを洗った水を漉して，［石の］屑といっしょに処女に与える

と，飲んだ後でも，それを保持して放尿しないが，処女でないとすぐに放尿するという．これが処女性を検査する方法である．お産の痛みを和らげるという．

◇ ガガトロニカ　Gagatronica

ガガトロニカ[30]は，野山羊の毛皮のようにさまざまな色をした石である．アヴィセンナは，それを身に着けた人を勝利に導く力があると言っている．王子アルキデス［ヘラクレス］がそれを身に着けていたときには，陸であれ海であれ，いつでも勝利を収めたことは，歴史的に明らかである．しかし，彼がそれを着けないときには，敵に破れたという．

◇ ゲロシア　Gelosia

ゲロシア[31]は，形や色は雹のようで，アダマスの硬さをもつ石だと言われている．とても冷たくて，絶対に，またはほぼ永遠に火で熱くすることはできないという．この理由は，その空隙が引き締まっていて，火が入り込めないようになっているためである．また，この石は怒りの感情やその他の情熱や熱望を和らげると人は言う．

◇ ガラリキデス　Galaricides

ガラリキデス［乳石］[32]は，ガラリクティデスとも呼ばれるが，灰のような石であり，大部分がナイル川やアケロス川で見つかる．その効能は，牛乳と類似しており，口の中に入った汁は心を乱す．護符［の本］によると，首に着ければ乳が乳房に満ちて，股に着けるとお産が軽くなる．それを塩といっしょに砕いて水と混ぜ，夜に羊小屋のまわりに撒くと，羊の乳房が乳に満ちて，疥癬を追い払う．実際に普通の疥癬に効くと言われている．

◇ ゲコリトゥス　Gecolitus

ゲコリトゥス[33]は，東方のかんらん石のような石だと言われている．砕いて水といっしょに飲めば，膀胱と腎臓の石を砕き，排出する効力がある．

◇ ゲラキデム　Gerachidem

ゲラキデム[34]は，黒い石だと報告されている．石が本物かどうかは，次のようにして調べる．石を身に着けたときに全身に蜂蜜を塗って，蠅や蜂にさらしても身体にとまらなければ，その石は本物である．もし彼が石を取り外すと，ただちに蠅や蜂は蜂蜜に飛びついて，それを吸う．石を口に含むと，意見やある考えに

決断を下す力を与えるという．これを身に着けている人は，快活で嬉しく感じるという．

◇ グラナトゥス　Granatus

グラナトゥス［柘榴石］は，コンスタンティヌスがアリストテレスの説を伝えているが，カーブンクルスの一種である．それは赤く透明な石で，色が野生の柘榴の花に似ている．カーブンクルスよりもいくらか暗色で，黒い下地の環にはめると，さらに輝かしくなる．赤の混じった紫色の種類もある．それはヴィオラケウスと呼ばれ，他の種類のグラナトゥスよりも価値が高い．愉快にし，悲しみを追い出すと言われ，アリストテレスによれば，熱と乾の性質だという．ヒアキントゥスの一種であると言う人もいるが，それは正しくない．［グラナトゥスは］ほとんどエチオピアから産するが，テュロスの近くでも海砂からときどき見つかる．

■ 第8章　H，IとJで始まるもの

◇ ハイエナ　Hiena

ハイエナ[35]の石は，ハイエナと呼ばれる獣から名づけられた．なぜかというと，それが石に変えられたときに［ハイエナの］眼から取り出されたからである．古代の権威者であるエワックスやアーロンは，舌の下に入れると，予知能力によって未来を予言する力を与えると言う．

◇ ヒアキントゥス　Hyacinthus

ヒアキントゥス［水ヒヤシンス］[36]には2種類ある．すなわち，アクァティクス［**水質**］とサフィリィヌス［**サファイヤ**］である．**水質**のものとヒアキントゥスは淡青色で，清らかさはその透明な深部から汲み上げられた水と覇を競うほどであるが，あまり価値はない．この種には，**水質**の赤いものもあり，それは**水質**の透明性が卓越する．しかし，サフィリィヌスはとても明るい青色で，いかなる水質のものもない．これは価値がより高い．それで3つの名前，ヒアキントゥス，アクァティクスとサフィリィヌスがある．その中のヒアキントゥスは，ときにはサフィリィヌスと呼ばれる．ほとんどがエチオピアから産する．第四の種類で，トパシオンのような［緑色の］ものがあると言う人もいる．これは極めて硬く，ほとんど彫ることができず，普通は価値のないものである．これは緑柱石のよう

に冷たく，身体の力を抑制する何か冷たいもののように，体のためになることが経験的に知られている．『護符論』によれば，首から吊るすとか，指にはめると，旅人を安全にして，人から歓待され，不健康な場所では護られるという効能があるという．

眠りを誘うことについての経験［的事実］　その冷たい成分のために眠りを誘うことが，経験的に分かっている．サフィリィヌスには特別な性質があり，それは毒に対する効能である．また，富，本当の賢さや幸福をもたらすとも言われている．

◇ イリス　Iris

イリス［虹石］[37]は水晶に似た石で，普通は六角形である．エワックスによると，それはアラビアからもたらされたもので，紅海で産するという．しかし，私はラインとトリールの間になるドイツの山中でこの石を見つけた．大きさはさまざまであるが，すべて六角形である．それは他の石の中で生じ，蜂の巣は外形が円くても，内部は六角形であるように，本来は円いものが，まわりの石に圧迫されて六角形になった．その著しい硬さが示すように，非常に乾いた石である．赤色粘土から造られた石の質料が乾き，湿気が抜け出してできた．室内でその一部を日に当てて，一部は日陰にくるように置くと，反対側の壁や他のものの上に美しい虹を投影する．そのため虹石と呼ばれる．その原因については，前に説明した．これと似た物質では，石膏でも起こる．これも極めて透明で，非常に乾いている．窓ガラスの代わりにこれを使う人もいる．

◇ イスクストス　Iscustos

イスクストス（アスベストゥス）[38]は，イシドルスやアーロンも認めているように，スペインの最も僻地であるヘラクレスの柱の近くや，われわれが現在スペインと呼ぶ国の外側にあって第二〜三番目の［地帯に当たる］地方で，しばしば見つかる石である．この石は，内部の粘性のために，乾くと糸状に裂ける．それで衣類を編むと，燃えないで火によって清めて白くできる．多分これは，サラマンダーの羽と呼ばれるものであろう．この織物は，湿った石の織物と似たものである．なぜこれが燃えないのかについては，『気象学』で論じた．このうちの一種を「白いカーブンクルス」とか「白い小石」と呼ぶ人もいるが，それは幻想や

幻覚に対抗する点において，カーブンクルスのごとくであって，湿気のため眼の痛みにも効き，粉末にすれば疥癬を治す．

◇ ユダヤ石　Judaicus lapis

ユダヤ石[39]．イシドルスもユダヤ石について述べているが，白く団栗（どんぐり）の大きさがあり，文字のような記号が刻まれている．ギリシア人は「グラマータ」と呼んだ．アヴィセンナはユダでしばしば見つかるので，ユダヤ石と呼ばれると言っている．

◇ ヤスピス　Jaspis

ヤスピス[40]はさまざまな色をした石で，10種類がある．最高のものは，半透明の緑色で赤い脈がある．銀の台にはめるのがよい．いろいろなところで見つかる．出血や経血を少なくすることが，経験的に知られている．不妊を治し，お産を助けると言われている．それを身に着けている人は，放蕩になることから守られる．魔術の本では，呪文を唱えると，人に喜びを与え，力強く，安全にして，熱や水腫を取り除くとされている．

（出血に対抗することの経験［的事実］）

第9章　Kの文字で始まるもの

◇ カカブレ　Kacabre

カカブレ［黒玉］は，ガガーテスと同じであることはすでに述べた．それにもかかわらず，カカブレの方が良いと言う人もいるが，色も効能もガガーテスと変わるところはない．

◇ カブラテス　Kabrates

［カブラテス[41]は］クリスタルスに似た石である．雄弁，名誉や優雅さを与え，水腫に効くと報告されている．

◇ カカモン　Kacamon

カカモン[42]は，さまざまな色をしたものが普通であるが，ときどき全体かその一部が白い石で，玉髄と混じって見つかる．その効能は，刻まれた像に依存すると言われており，後の論考［p.72 論考Ⅲ参照］で，その像については論じられるであろう．

第10章　文字Lで始まるもの

◇ リグリュス　Ligurius

リグリュス[43]は，オオヤマネコの尿からできた石である．プリニウスは，この動物は東方のものだと言っている．しかしながら，それはドイツやスコットランドの森でたくさん見つかる．プリニウスによれば，この動物はあたかも石でできたものがよく使われるのを妬むかのように，尿を砂の中に隠したという．ベーダは，この石は人間の胆嚢にもあると言う．プリニウスは，この石は夜を除いて赤く輝くことからカーブンクルスのようだと言っている．最も普通に産するのは，黄褐色のものである．擦ると藁を引き付けることが，経験的に知られている．これはほとんどすべての宝石に認められる［性質である］．これは胃の痛み，黄疸や下痢に効くという．

◇ リッパレス　Lippares

リッパレス[44]はリビアでしばしば見つかる石だと言われている．すばらしい力を秘めていると報告されており，どんな野獣でも狩人や犬に攻撃されると，守護者であるかのようにそれに向かって走って行くという．犬や狩人は，その石がある限り野獣を傷つけることはできないという．もしこれが本当なら，大変に驚くべきことで，天の力に依拠しているに違いない．これがどのようにして起こるのか，石や植物についてもその力［のはたらき］が十分に理解されるならば，自然魔術が何でもできるのと同様に，それと同じやり方で驚異的な力を発揮できるとヘルメスは言っている．

第11章　文字Mで始まるもの

◇ マグネス　Magnes

マグネス[45]またはマグネテスは，鉄の色をした石で，その大部分はインド洋で産するが，それの多くあるところでは，外側に釘を打った船がそこを航海するのは危険だという．トログロディテス［エチオピア］の国でも見つかる．私自身，ドイツの一部のフランコニア州と呼ばれるところで見つけたことがある．それはとても大きく，大変に力強かった．瀝青で焼かれた鉄のように真っ黒であった．［磁

石は]鉄を引き付けるすばらしい力をもち,その力は鉄に移り,それもまた鉄を引き付ける.さらに,多くの針が互いにくっつき合っているのが観察されている.しかし,この石をニンニクで擦ると,[鉄を]引き付けなくなる.もしアダマスをその上に置くと,引き付けなくなるが,このために小さいアダマスが大きな磁石を抑えることになる.今日では,磁石は一方の端で鉄を引き付け,他方の端では反発することが分かっている.これはアリストテレスの言う他の種類であろう.我が修道会の一員で,注意深い観察者は,フリードリッヒ皇帝の所有する磁石が鉄を引き付けず,それとは反対に鉄が磁石を引き付けるのを見たと,私に話してくれた.アリストテレスは,人肉を引き付ける磁石があると言っている.魔術では,[磁石は]幻覚を引き起こす不思議な力があると報告されている.魔術の教えるところでは,これは主に,または特に,呪文や魔法の印が使われたときに起こるという.蜂蜜を溶かした水といっしょに飲むと,水腫を治すと言われている.寝ている女性の頭の下に置くと,貞節ならばすぐに寝返りをして,夫の腕の中に飛び込むという.もし不貞をはたらいていると,悪夢にうなされてベッドから落ちる.泥棒が家に入るとき,家の四隅に燃えた石炭を置き,この石の粉末を振りかける.すると家の中で寝ている人たちは悪夢にうなされて,建物から飛び出して,逃げ去るという.そこで泥棒は,欲しいものは何でも盗んでしまう.

◇ **マグネシア　Magnesia**

マグネシア[46]はマグノシアとも呼ばれ,黒い石でよくガラス製造に利用される.この石は,火力がとても強ければ融解するが,それ以外では融けない.ガラスと混ぜると,その質料を純化する.

◇ **マーチャシータ　Marchasita**

マーチャシータ,またはマーチャシーダは,石様物質だと言う人もいるが,多くの種類がある[p.145 第V巻参照].金属の色にならって,「銀色」や「金色」マーチャシータとか,その他の金属に対応しても同様に呼ばれる.金属はこれからは精錬できず,火で蒸発すると無用な灰を残すだけである.この石は錬金術師の間ではよく知られており,多くの場所で見つかる.

◇ **マルガリータ　Margarita**

マルガリータ[真珠]は暗色の貝から見つかる石である.最高級品はインドか

論考Ⅱ　宝石とその効能　　61

ら採れるが，現在は英国［海峡］と呼ばれる英国海からも多く採れる．フランドルやドイツに向かう側でも見つかる．私も，牡蠣を食べたときに，一度の食事で口の中に10個も残った．若い貝の方が，良いもの［真珠］がある．穴のあいたものもあり，ないものもある．色はとても白く，それを通してわずかに光が透過し，白いにもかかわらず輝く．雷雨のときに牡蠣が流産すると吐き出すと言われ

<small>マルガリータに関する事実</small>　ている．川でも見つかり，モーゼル川やフランスのいくつかの川で砂の中から見つかる．その効能としては，呼吸困難，心臓発作や卒倒［の症状］を和らげることが経験的に知られており，また出血，黄疸や下痢にも効くという．

◇ メディウス　Medius

メディウス[47]は，それがたくさん見つかるメデスの国に因んで名づけられた．2種類あり，一つは黒く，もう一つは緑色である．その効能は，慢性の痛風，目のかすみや胆嚢の障害に対して効くという．虚弱な人や疲れていたり衰弱している人を強くするという．黒い種類のものの破片を湯に溶かして，その中で身体を洗うと皮膚が剥がれ，それを飲むと嘔吐して死ぬという．

◇ メロキテス　Melochites

メロキテス［孔雀石］[48]は，メロニーテスとも呼ばれ，濃い緑色でスマラグドゥスのように透明ではない，アラビア産の石である．これは軟らかい．これを身に着けている人は，危難から保護され，また小児の揺り籠を守るという．

◇ メンフィテス　Memphites

メンフィテス[49]は，エジプトのメンフィスと呼ばれる都市に因んで命名された．火のように熱く，その［火の］効力に現れるような力をもつという．砕いて水と混ぜて，焼灼や切断［の手術］を受ける人に飲ませると，無感覚になり痛みを感じなくなる．

■ 第12章　文字Nで始まるもの

◇ ニトルム　Nitrum

ニトルム[50]は，石の堅固さに達している．それはいくらか淡色で，透明である．［ものを］溶かしたり，引き付けたりする力があることが証明されている．それ

は黄疸に効き，塩の一種である．

◇ ニコマール　Nicomar

ニコマールは，大理石の一種であるアラバスターと同じである．その驚異的な効力のために，宝石に含められる．その冷たさのために芳香のある軟膏薬を保存できることが，経験的に分かっている．それで，昔の人は，軟膏を入れるための箱を［この石で］つくった．また，その冷たさによって，死体がひどい悪臭を発することを防ぐ．そのために，古代の廟や墓はこの石で造られている．それは白く輝く．それは勝利をもたらし，友情を保つという．

◇ ヌサエ　Nusæ

この石[51]は，墓の類に因んで名づけられたと言われている．多くの墓から見つかり，2種類ある．一つは明白色で，あたかもミルクに血が混じったようで，暗い静脈がその中に現れたようになっている．他の一つは黒色で，あたかも墓がその中にまだらの足を投影したかのようである．両者とも毒とくっつくと，触れた手に火傷を負わせるという．石と墓が一体となっていることが証明されている．生きた墓をこの石の近くに置くと，それに触ろうとする．

第13章　文字Oで始まるもの

◇ オニックス　Onyx

オニックス[52]は黒色の宝石である．さまざまな白い縞を伴った黒いものが，より上等な種類とされている．縞と色との違いで識別されており，5種類に分けられている．首に吊り下げるとか，指にはめると，悲しみ，恐怖や睡眠中に恐ろしい幻覚を引き起こすという．同様に悲しい気分や争いを増大させる．いっぽう，子供には食欲を増進させるという．サルディヌス［サルジニア島産の石］と結びつけると，悪影響を食い止める．この石の放射や発散によって，これらすべてのことが生じる．その本来の高貴な性質は，頭の中の憂鬱を追い払うほどである．

◇ オニチャ　Onycha

オニチャ[53]またはオニチュルスは，すでに述べたように，オニックスと同じである．同じ種類であろう．色は黒くなくて，爪の色をしている．オニチャには白，黒や赤などのさまざまな色がある．これらは同じ物質からなり，人の爪とよく似

たものだと言える．オニチャという名の樹木の樹脂が，固まって石になったという．不思議なことに，この石を何の違和感もなしに眼の中に入れることができるという．私は，眼を傷めずにサフィルス［p.65 参照］，アレクテリウスや名も知らない石を眼に入れるのを見たことがある．滑らかに磨かれた石は，眼の中心や瞳，眼球の開口部の反対側にある敏感な部分に当たらない限りは眼を傷めない．

◇ オフサルムス　Ophthalmus

オフサルムス[54]は，オフサルミア［眼病］から名づけられた．その色は明示できない．これは，多分さまざまな色のものがあるからであろう．これを着けていると，悪性の眼病に罹らないというが，近くにあるものがぼやけて見えるようになる．そのため泥棒の防護用とされているが，それを着けていると見えないからであろう．

◇ オリステス　Oristes

オリステス[55]には3種類ある．この中の黒いものは丸い．他のものは，白い斑点のある緑色である．三つ目は，滑らかな部分とザラザラな部分があって，鉄板のような色をしている．その性質は，薔薇油でこすると，それを着けている人が不幸になることから護るとか，危険な爬虫類に噛まれるのを防ぐという．護符［の本］によると，女性がそれを身に着けると，妊娠が妨げられ，妊娠中に流産するという．

◇ オルファヌス　Orphanus

オルファヌス[56]は，ローマ皇帝の王冠につけられた石で，どこでも見つかるので孤児［オルファヌス］と呼ばれる．その色はワインのようで，微妙なワインレッドである．輝く白雪が清らかな赤ワインと混じったかのようであるが，後者［の色］によって圧倒されている．輝かしい石で，言い伝えによれば，かつて夜に輝いたことがあったが，現在では暗闇では輝かない．皇帝の名誉を守るという．

第14章　文字Pで始まるもの

◇ パンセルス　Pantherus

パンセルス[57]は，一つの石の中に多くの色がある．すなわち黒，緑，赤やその他である．淡紫色や薔薇色のものもある．それは視力を損なうと言われているが，

そのほとんどがメディアで産する．それを身に着けている人は，成功するとか，勝利を得るために，日が昇る早朝にそれを見つめるという．色がさまざまであるように，多くの効力をもつという．

◇ ペラニテス　Peranites

ペラニテス[58]はマケドニアに産する石である．女性のための石で，他のよく似た自然石を孕んだり生んだりするという性質がある．妊婦に対して効力がある．

◇ ペリセ　Perithe

ペリセ[59]またはペリドニウスは，黄色の石である．咳に効くという．この石については，不思議なことが報告されている．すなわち，手で強く握ると，手が焼けるという．そのため，注意深く軽く握らないといけない．クリソリトゥスに似た他の変種があるというが，それはもっと緑がかっている．

◇ プラシウス　Prassius

プラシウス[60]は，しばしばスマラグドゥスの基質や「宮殿」をなす石である．それは植物のプラシウム，すなわちハッカのように暗緑色で不透明である．それには赤や白の斑点のあるものもある．それは視力を増進させることが経験的に知られており，ヤスピスまたはスマラグドゥスの性質のいくつかをもつ．

◇ ［ピロフィルス］　Pyrophilus

［ピロフィルス[61]については］あるアスクレピオスの哲学者［医者］が，アウグストゥス・オクタヴィアヌスに宛てた手紙の中で書いているところでは，ある種の毒は大変に冷たく，それで毒殺された人間の心臓は火でも燃えないという．長時間その心臓が火の中に置かれると，焼けて石となった．そのために火と名づけられて，［ピロフィルス］と呼ばれている．それは［人間の］質料という意味で，ヒュマヌスとも呼ばれる．勝利をもたらし，毒から［身を］守る［ので高貴なものだ］と言われている．単なる伝説に過ぎないが，マケドニアのアレクサンドロスは，戦争のときにはベルトにこの石を着けたという．インドからの帰路，ユーフラテス川で水浴しようとしてベルトを外した．すると蛇がその石に噛みつき，砕いてユーフラテス川に吐き出した．アリストテレスは『蛇の性質』の中で，このことに言及したと言われているが，それは残っていない．この石は輝く白に赤が混じった色をしている．

第15章　文字Qで始まるもの

◇ クァンドロス　Quandros
クァンドロス[62]は，まれに禿鷹の脳から見つかる石である．その効能は，いかなる不幸に対しても効くという．乳房を乳で満たす．

◇ クィリティア　Quiritia
クィリティア[63]は，ときどきヤツガシラの巣で見つかる石である．ヤツガシラは，まったくもって幻覚や怒りを引き起こすと魔術師や予言者は言う．この石を眠っている人の胸の上に置くと，秘密をあばき，幻覚を引き起こすという．

第16章　文字Rで始まるもの

◇ ラダイム　Radaim
ラダイム[64]とドナティデスは同じ石だという．黒く輝くという．鶏の頭を蟻に食わせてやると，しばらくしてこの石が雄鶏の頭の中に見つかることがある．この石は，何でも望むものを得ることができるようにしてくれる．

◇ ラマイ　Ramai
ラマイ[65]は，医学や錬金術の書物では触れられていないが，アルメニア石[p. 70参照]と同じである．それは赤い石である．下痢を治し，とりわけ赤痢と生理の出血に効くことが，経験によって証明されている．

第17章　文字Sで始まるもの

◇ サフィルス　Saphirus
サフィルス[66]は大変に有名な石であり，そのほとんどは東方，すなわちインドで産する．それはまた，プロヴァンス地方のル・ブイの町の近くにある鉱山でも見つかる．しかし，これは東方のものほどには品位が高くない．その色は清明な空のように透明な青であるが，青色が卓越する．［東方の］より高品位のものは，ほとんど透明ではない．最高のものは，赤みを帯びて暗く曇っている．品位の高いものは小さく，白い曇りを帯びているものがある．その［物］質は黒ずんで，雲のようなものであり，むしろ不透明に近い．私自身，2種類の膿瘍を治す効力

のあることを知った．さらにまた，この石は人を貞節にし，体内の熱を冷まし，発汗を抑えるとか，頭痛や舌の痛みを治すと言われている．私自身の観察では，目の中に入れてそこからゴミを取り除いたが，その前後に冷水の中に入れる必要があった．一度膿瘍を治すと，その効力が失われるというのは事実ではない．というのは，2つの膿瘍をほぼ4年の間をおいて，次々に治したのを見たことがあるからである．身体をしゃんとさせ，快く合意させ，人を敬虔にし，神に帰依させ，心安らかにさせるという．この石は砂州（syrtis）で見つかることから，またの名をシリテスとか，むしろシルティテスとか呼ばれる．

サフィルスが膿瘍に対して有効な証拠についての注

◇ **サルコファグス　Sarcophagus**

サルコファグス[67]は，死体をむさぼり食う石である．ギリシア語の $σάρκος$ は「肉」を，$φαγώ$ は「食う」を意味する．昔の人が死者の棺をこの石でつくり，30日間で死体を食い尽くしてもらった．そのため，石塔はサルコファギと呼ばれる．

◇ **サグダ　Sagda**

[サグダ[68]は] サルドとも呼ばれるが，磁石と鉄のように，この石は厚板に関係する．船板としっかりとくっつき，それがくっついている厚板は，切り離す以外には取り外すことができない．その色は［緑石英のような］緑である．

◇ **サルディヌス　Sardinus**

サルディヌス［紅玉髄］は，古代より宝石に含められてきた．それは濃い赤色で，わずかに不透明であり，赤土がいくらか透明さを帯びたような感じである．透明度に応じて5種類に分けられている．多分これは，他の［石の］基質の中の「家」で生まれた．サルディスの町の近くで見つかったことがあるというので，このように命名された．これは魂に喜びを引き起こし，ウィットを軽妙にし，対抗力をはたらかせて縞瑪瑙が害を及ぼすのを抑えるという．

◇ **サードニックス　Sardonyx**

サードニックス，またはサードニケムと呼ばれ，紅玉髄と縞瑪瑙の2つの石からなる．そのためにこの石は赤く，紅玉髄によって赤色が卓越する．また白，黒や爪の色もあり，それらは縞瑪瑙［の色］に由来する．色の混じり具合や緻密さ

の違いによって5つ，さらにはもう一つの種類がある．[サードニックスは] インドやアラビアでしばしば産する．この石は，放蕩性を追い払い，人を貞節かつ穏やかにする．しかし，その高い効力は縞瑪瑙にだけあるが，その質料と結合した紅玉髄があるために，いかなる害も及ぼさないというのは事実である．

◇ [サミウス]　Samius

[サミウス[69]はサモス]島に因んで名づけられた石であり，そこで発見された．金はこの石で磨かれる．飲み物に入れて摂ると，眩暈(めまい)を治し，心を落ち着かせると言われている．しかし，お産をする女性の手に着けると，その石は出産を妨げ，[胎児を]子宮に戻してしまうという不都合が生じるとも言われている．

◇ シレニーテス　Silenites

シレニーテス[月の石][70]は，さまざまな言い伝えのある石である．その石はインドのある種の貝から産して，赤，白や紫といったさまざまの最も美しい色をしていると言う人もある．それは緑色で，ペルシアのある場所からしばしば見つかると言う人もいる．また，月の満ち欠けに応じて，大きくなったり小さくなったりするという．そして，それを身に着けることによって，未来の出来事を知ることができるようになるとも言われているが，特に新月と十日月の日に舌の下に入れると効力を発するという．新月が昇るときには，その効力は1時間しかもたないが，月の10日には第1と第6時に効力を発揮すると言われている．占いの方法は次のようなものである：舌の下に入れて，そのことが行われるべきか，べきでないかの理由を考える．もし行われるべきという場合には，振り払うことのできない確固たる信念に心はとらわれる．また，べきでない場合には，直ちにそれから心は解放される．この石は，けだるさや虚弱を治すとも言われている．

◇ スマラグドゥス　Smaragdus

スマラグドゥス[71]は，他の多くの宝石よりも貴重な石ではあるが，まれなものではない．その色は濃い緑色で半透明であって，その緑色はまわりの空気を緑色に染めるほどである．最良の形は表面が[凸凹せずに]滑らかなものであるが，それは，この形をしていれば，その石の一部が他の部分に影を落とさないからである．また，最良品は明るいところでも，日陰でも色が変わらない．スマラグドゥスには12種類あり，表面の滑らかさと色の違いで区別されている．それは，小

さい棒のような形をした黒い胆嚢を含んでいるものがあるからである．種類によっては，産地名を付けて呼ばれているものもある．シチア［ブリタニア］のもの，ナイルのもの，銅鉱脈から出るもの，点紋があるもの，玉髄質のものなどである．その中で最高のものは，シチア産のもので，この石を注意深く警護しているグリフィンの巣から採れるという．信頼ができ，かつ注意深い観察者であるギリシアからの旅行者の伝えるところでは，この石は海底の岩棚に産し，ギリシアではよく見つかるとのことである．説得力のある説明の一つとして，スマラグドゥスは銅鉱脈から産し，それは未だ銅にならない存在であるために透明なのだという説がある．なぜならば，銅の錆は緑色だからである．われわれの時代の経験による

現代の経験についての注 と，この石は良質でかつ本物であれば，性行為に耐えられないことが知られている．なぜかというと，現在のハンガリーの王が，この石を指にはめて王妃と性行為におよんだところ，石は3つに割れてしまったからである．したがって，この石を身に着ける者は貞節になるという昔からの言い伝えは真実らしい．また，この石は富を増やし，裁判で説得力のある弁舌をふるうことができるようにさせ，それを首から下げると悪寒と癲癇が治るとも言われている．また，経験から弱視が治り，目を護ってくれることも分かる．さらに，記憶力を増進し，暴風雨をそらせ，予言に効果があり，そのために魔術師が特に欲しがるとも言われている．

◇ **スペキュラリス　Specularis**

スペキュラリス［鏡石］[72]は，ガラスのように透明なので，そう呼ばれる．これはスペインのセゴビア市の近くで最初に発見されたという．私自身は，ドイツのいくつかのところで，手押し車にいっぱいになるほども産するのを見たことがある．私はまたフランスで，それが石膏といっしょに産するのを見たが，それは石膏の純粋な［形相の］ように見えた．それは採掘され，希望に応じて薄く割って，ガラスでやるように窓をつくる．しかし，その場合には鉛の代わりに樅の木の小片を使わなければならない．これには3種類あって，一つは透明なガラスのようで，もう一つはインクのように黒く，三つ目は黄色であるが，最後のものは，すでに述べたように［p.54 参照］，アウリピグメントゥム［雄黄］またはアルセニクムと呼ばれ，より価値が高く良質である．

◇ [サッキヌス] Succinus

[サッキヌス[73]は] 黄色い石で，ギリシア人がエレクトラムと呼んだものである．ときにはガラスのように透明なものが見つかる．この名称は質料に因み，松と呼ばれる樹木の樹液または樹脂からできている．通称はランブラである．擦ると，葉，藁や糸をあたかも磁石が鉄を引くように引き付ける．それを身に着ける人を貞節にするという．それを燃やすと，蛇を追い払うことが経験的に分かっている．妊婦のお産を楽にする．より質の良いものは，暑い夏に流れ出した樹液からできたもので，他の季節にできたものよりも暗色である．

◇ シルス Syrus

シルス[74]はシリアに由来する石で，イシドルスによると，総体としては水に浮くが，破片に砕くと沈む．この理由は，総体としては気孔に空気を含んでいたものが，砕いた粉末からはそれが逃げ出すからである．

第18章 文字Tで始まるもの

◇ トパシオン Topasion

トパシオン[75]は，それが最初に発見された場所に因んで命名された．そこはトパシスと呼ばれる島だと言われている．それは金と似たところがある．この石には2種類ある．その一つは確かに金に似ており，より質が良い．他の一つは黄色で，金色のものよりも透明であるが，価値は低い．現代の経験では，沸騰する湯に入れると，泡が立つのを止めさせ，直ちに手を入れて，それを取り出すことができるようになることが知られている．われわれの修道会の僧が，パリで実際にこれを実行してみせた．痔と精神病の発作に効くといわれている．この石は鏡になり，凹面鏡のように［反転した］像を映す．この原因は単純なことで，内側に［向かって］一斉に成長し，固くなったので，表面が湾曲したためである．

◇ トゥルコイス Turchois

トゥルコイス［トルコ石］は明るく輝いた青い石である．あたかも牛乳に青色が染み込んで，それを通して表面に浮き出したかのようである．視力を保ち，それを着けている人を不幸になることから護るという．

第 19 章　文字 V で始まるもの

◇ ウァラック　Varach

ウァラック[76]は「竜の血」と呼ばれ，アリストテレスによれば石の一種である．しかし，それはある種の草の液であると言う医者もいる．しかし，石が破片に砕けたように輝き，ザラザラしているため，その効力［の発現］により，［アリストテレスの］述べていることは正しいと証明できる．それは非常に赤い．それは体液，特に血液の流出に効く．これと水銀からアルガラ［アマルガム］がつくられる．

◇ ウェルニックス　Vernix

ウェルニックス[77]は「アルメニア石」と呼ばれる．それは青白く，黒色胆汁，脾臓や肝臓に効くことは確かである．

◇ ウィリテス　Virites

ウィリテス[78]は，前にペリセと呼んだ宝石である．その色は，前に述べたように，火のように輝かしい．それは軽くて，注意して触らないと，触れた人の手を焼いてしまう．私自身の経験を通して知ったことであるが，夜にそれが輝いていて，動物で［それに触れて］実際に手を焼いたものがいた．

第 20 章　文字 Z で始まるもの

◇ ゼメック　Zemech

ゼメックは，またはラピスラズリと呼ばれる石である．それは小さな金色の斑点がついた淡青色のものである．青色の顔料は，これからつくられる．これは，黒色胆汁［過剰］やおこり熱，黒色胆汁の蒸気による気絶に効くというのは確かなこととされている．

<small>黒色胆汁やおこり熱に対して有効な証拠についての注</small>

◇ ジグリテス　Zigrites

ジグリテス[79]はガラス色の石である．またの名をエワックスと呼ぶ．首のまわりに着けると，出血を止め，精神錯乱を沈静化させる．

それぞれの石について，十分に述べた．すべての石の効能を，そのいずれに関しても個々に述べようとすると，この本の容量を超えてしまう．はじめに述べたように，実験して見れば分かるが，何らの効力ももたない小石を見つけることは難しいだろう．ここで述べたことから，言いそびれた他のことは容易に判断できるだろう．

論考 III
石の印像：どのように論じられるか，何種類あるか，それらについて経験的に何が知られているか

第1章　石の像と印像

　石の像と印像について語ろう．これ［問題］は，占星術に依拠する魔術の一部をなすものであり，像や印像の魔術と呼ばれるが，それは良き教養であって，我が修道会の会員がわれわれから学ぼうとしたものである．そこで，これらのことについて多くの人たちによって書かれたことは何であれ，もちろん不完全で誤った論述はすべて排除して，そのいくつかについて述べておこう．石の印像については，古代の人々の著作を本当に理解している者はわずかで，占星術，魔術や魔法といっしょに理解しなければ，ほとんど理解できない．

　そこで，まず石の像から始めるに当たり，石には3種類の像のあることを指摘しておく．その一つは石の像で，刻まれたのでもなく，また浮彫りにされたのでもなく，まるで絵画のようにさまざまな色で描かれたかのごとくである．第二の種類は，石の表面に刻んだような浮彫りである．第三の種類は，石を部分的に鑢(やすり)で削り，他の部分はそのまま残して，くりぬいたように刻んだものである．さらに描かれた像が，その石と同じ色をしていることがあり，そのため石の表面に像の輪郭だけが見えることがある．まず初めに，私自身が見たことや観察したことについて報告しよう．次いで，自然に像の生じた原因と過程について説明しよう．三番目に芸術としてつくられた像について話して，印像の効能について説明しよう．

ヴェニスで見たこと　私が若い頃，ヴェニスにいたとき，大理石を教会の化粧板にするために鋸(のこぎり)で切断しているのを見たことがある．一つの大理石を2つに切断して，その石板を並べて置いたところ，王冠を被って，数珠玉の長いネックレスを着けた頭の美しい像が現れたということがあった．その像は，額の中央部が高く突き出し過ぎており，それが頭の頂上まで伸びている

以外には，まったく欠陥があるようには見えなかった．そのため，そこに居合わせた人たち全員が，その像は自然に刻まれたものだと理解した．額の不釣り合いの理由について尋ねられたときに，私は石が蒸気から固まったときに，額の中央部で熱が強かったために蒸気の上昇し過ぎた結果だと説明しておいた．雲も風で乱されないと，これと同じことが起こり，あらゆる種類の像がその中に現れて，それを上昇させる熱のために徐々に消滅していく．しかし，これらの蒸気が場所[を得て]，[鉱物化]力にさらされると，石にいくつもの像が象られる．そのため，単純な像が自然に生じることがある．

パリで見たこと　　その後しばらくして，私がパリにいたとき，学者に交じってカスティリヤの王が，そこへ勉強にやってきた．この貴人の料理人が魚を買おうと思い立ち，大変豊富にある種類で，ラテン語でベケットと呼ばれる魚，通称ツノガイを召使いに買わせた．彼らが，これからはらわたを取り出そうというとき，腹の中から大きな牡蠣の殻を見つけた．親切なことにこの貴人は，それを私に贈るように取り計らってくださった．貝の湾曲した内側は滑らかで，輝いていたが，3匹の蛇の像があった．それは小さいけれども，誰の目も見逃さないほどに完全な姿をしていた．曲がった外側はザラザラしていたが，10匹かまたはそれ以上の多くの蛇の像があり，首のところで瘤のように互いにくっついているが，頭と胴体が分かれている以外は内側のものとよく似たものであった．これらのすべての像が，口のところで裂け始め，尾まで達していた．裂け目は細く，あたかも糸でそれをつけたかのようであった．私は，この貝を長いこと所有していたが，多くの人々に見せた後で，ドイツの誰かに贈り物としてやってしまった．この経験から，石の表面に浮彫りされた像ですら，ときには自然にできることの証拠が得られた．

　ある有力な貴族が，私に話してくれたところによると，彼の農奴の一人が，鶏の卵よりも小さめの卵をくれたという．その中に，雛のように丸まった体をして，鶏冠と翼をもち，その足は鶏のような形の美しい蛇の像があった．これらのすべての例から，このような形はときどき自然にできると判断される．私は，これは本当だと固く信じている．

第 2 章　自然にできた石の像

　さて，これらがいかにして自然にできたかを検討しよう．『自然学』の第Ⅱ巻で，怪物について結論づけたことを想起しよう．天の一角で太陽と月が会合すると，［この目的に］適った質料中にですら人間の姿が現れたりして，質料が集まって恐ろしい怪物になってしまうようなところがあることを知らないわけではないが，また一方では，太陽，月やその他の惑星が会合すると，まったく異なる種類の種子の上にすら，その中に継承された形成力に対抗して，人間を生む大きな力のある場所もある．そのため，豚が人間の顔をしているとか，子牛にも同様なことがある．これは，人間の種とこれらの動物のそれとが混じった結果ではあり得ないことは，すでに『自然学』の中で十分に説明した．このため，蒸気によって硬くなった石においてすら，物質の上に人間や他の種の動物がその姿を自然によって描かれたとか，その一部分か，または全体が浮彫りにされたという以外の理由を考えようがない．この作用は，特に縞瑪瑙によく見られることで――それについてはすでに述べたように――物質が大変軟らかいためである．

　ケルンの三博士の聖堂に，手の幅よりも広い大きな縞瑪瑙があり，その上に爪のような色をした縞瑪瑙の生地に二人の若者の顔が純白で描かれている．一人は他の一人の蔭になっているが，鼻と口ははっきりと見える．額のところに真っ黒な蛇が描かれていて，二人の頭をつないでいる．その中の一人の顎に，顎骨のちょうど曲がり角にあたるところで，頭から下へと口の方へ曲がる部分に真っ黒で首飾りを着けたエチオピア人の頭がある．首の下にまた爪の色をした石がある．頭のまわりに花で飾った布が見られる．私は，これがガラスではなくて，石であることを明らかにした．それで，この像は人工的につくられたものではなくて，自然にできたものだと考えた．これと同じようなものが，他にもたくさん見つかっている．

いかにして石の像は，人工的にまた自然に印されるか　　しかしながら，そのような像がときには2つの方法で，人工的につくられるのも不思議ではない．その一つは，技術と自然がともに関与する方式であり，材料は人工的に形づくられ，彩色される．その後に全体が強力な鉱物化力か石化力をもった水に入れ

られると，それによって——すでに述べたように——固化して石になる．第二の方法はもっと詐欺的で，像は材料に印像されて，さまざまな色を着けられる．その後に，錬金術の操作で［人工の］固化水やその他の液体を使って固化させて，石のようなものになる．これは主に錬金術師が「処女のミルク」と呼ぶものを使って行われるが，それは密陀僧［酸化鉛］を水の中で十分に洗って，繰り返し「涙」のようになるまで濾過して，両方の水を混ぜていっしょにしたものである．この水は固化させる能力が顕著で，それによって固化されたものは石のようになる．質料は他の多くの方法によっても固化されるが，それは誰でも鑢を使って精密に調べれば，本物でないことはすぐに分かる．この類の石は，場合によっては像と同様にただのガラスでもできるので，無知な一般人は，それを石だと思ってしまう．これが，像がどのようにして人工的につくられ，着色され，かつまた刻まれ彫られるかということである．

　彫刻の技術でつくられたように見えるものについては，それが人工的であって，自然でない方法でつくられたもの以外は，どのようにしてつくられたのか分からない．宝石について書いている人たちの言うところでは，非常に硬い宝石では，鋭くかつ極めて硬いアダマスのかけらを使ってやるという．しかし，私にはこれが本当だとは到底信じられない．彫刻するには［真に］適した道具が必要で，アダマスの破片は山羊の血で軟らかくしない限り，これには該当しない．これは無駄なことであり，高くつき過ぎる．そのため，彫刻されていてもほとんど価値のない宝石をしばしば見かける．

彫刻用の道具についての経験的事実の注　　ここで述べた観察事実から学んだことは，鋼鉄を蒸留してほとんど銀の白さになるまで，繰り返し純化して，それから彫師の道具をつくれば，適当に鋭い彫刻針ができる［ことである］．二十日大根の汁をしぼって，それと同じ量のミミズをつぶして，布で濾し取った液と混ぜる．道具を白熱し，2〜3回，さらには必要な回数だけこの水で急冷すると，非常に硬くなる．それで宝石を引っ掻き，また鉛のような他の金属を切ることができる．以上が，宝石に現れる像の［できる］原因である．

　しかし，もし像はなぜ宝石にだけ見られて，他の石にはないのかを探究しようと思って，上に述べたような観察を繰り返し行ってみたら，ときには大理石にも

現れることが分かった．だが，他の種類の石では，質料が重く，粗雑で土質のために，運動力に対応できず，天がそれを動かして，その上に印像をつけられない．宝石や大理石では，すでに指摘したように質料が蒸気質であって，この種の像が［石に］できる．この例は，精液蒸気で見られ，その中に容易に像がつくられるが，脳，頭や骨の物質には印像をつけないで，質料の不整や無関与が天体の作用を妨げることがあるが，これについてはすでに述べた．硬い土や石の上に印像を押した場合は，まったく像は残らないが，水の上に押した像は残り，水が凍ればその像が氷の中に残存する．このことは純粋なる自然学の問題ではないが，優れた学説なのでここに含めた．

第3章　あらかじめ石に刻まれるべきことが先取りされている理由と像そのものにどのような助力があるか

さて，石に刻まれることが賢明なる人たちによってあらかじめ示唆されているということと，その像自身の内部に助力のある理由について明らかにしよう．この理由については，魔術師の教義から学ばねばならない．それはギリシアのマギー[1]，バビロニアのゲルマ[2]やエジプトのヘルメスらによって，最初に完成され，後に賢明なるプトレマイオスやセヴィリアのゲーベル[3]により光を当てられ，サービット[4]はその術をまとめ上げた．

この教義の原理では，ものは自然物でも人工物でも何であれ，最初に天の力から刺激を受け取る．自然界では，このことに疑問の余地はない．また技術においても，そのことが認められて，ある種の刺激が前もってではなく，まさに人が［何かを］つくろうというときに，その気を起こさせる．これが先に挙げた，賢人の言うところの唯一の天からの力に他ならない．［それで］一人の人間に2つの起動因があることになり，それは自然によるものと意志によるものとである．自然は星によって支配されるが，意志は自由

人間における
2つの起動因

である．しかし，抵抗しない限り，意志は自由に引きずられて，柔軟性を失う．自然が星の運動で動かされると，意志もまた星の配置と運動によって影響を受ける．

子供の才能の注
入についての注

プラトンは，このことを子供の行動によって証明した．自分の意志から自由な子供は，自然や星の影響に逆らわない．そ

のため，星の力によるある一つの芸，または他の芸に才能を示す．その場合は完全にやってのけるが，彼らがそれに逆らって他のことをやろうとすると，決してうまくいかない．この理由は，彼らには本来的にその才能がないからである．すべて原因の原因をなすものは，あらゆる結果の原因であることは疑うまでもない．そこで，もし星のインスピレーションが，芸術家に技巧を与えるという形で［彼らを］感化すると，その技巧によってつくられた作品に，その何らかの固有の力が注ぎ込まれることを妨げることはできない．

　この点に決着をつけた後，先蹤の学者の原理を受け容れよう．それについては，いずれ明らかにしなければならないが，天体の配置は基本的な像であり，それは自然であれ人工であれ，つくられたあらゆる像を凌駕している．そこで，形成力の中で種類と順序において第一のものは，その後にくるものに対して影響力をもち，それぞれに適した方法で原因を注ぎ込む．ここでは，この配置について数学的に考察して論ずることはしないが，生み出されるものまたは造られるものに多様性をもたらすことに限り，順序と種類に従い，またその形相と質料に従って論ずるだけである．このように，天の配置は自然の生むあらゆる像に影響力をもつであろう．そのため，技術の基礎は——すでに述べたように——自然にあるが，それは技術がそもそも天に起因するためである．それは「能動的知性」である．「知性」が技術の始まりであることは，すでに『宇宙論』と『自然学』で度々述べた．

第一の形成力はどのように形相に作用するかの考察

　そのために，地相観においてもまた，［星座の］点に対応した点の配列によってできる像が推奨されており，他のものでは役に立たないと言われている．それゆえに，星に似せて宝石や金属製の像をつくる技能においても，自然学の第一級の師匠や教授は，彫刻は，天の力の多くがその中で結合する瞬間であり，またそれらが最も強力に作用すると考えられる時を見計らって行われるべきだと主張している．天の力は，その像を通して奇蹟を起こす．

　また，天の像は多く［のこと］に助けられるが，その中でも特別と見なされる5つのことがある．［その中の第一は］星のない天球の像であり，その円が星座と生命に運動を与えることによる．第二は，それは的確に観察されねばならないが，星座に由来する助けである．第三は，［獣帯の］他の宮を強める宮のいずれ

にどれか特定の惑星があるかということである．第四は，春分点や昇交点から測った赤経と赤緯における星位の高度や離角の大きさである．第五は，これらすべてのことと［観察を行う］地帯との緯度に関係したことである．この最後のことは，注意深く観測しなければならない．なぜならば，これと前のこととの関係で，自然であれ人工であれ造られた何かの像では，それに射す光線の当たる角度の大きさに差異ができて，天の力が物体に注ぎ込まれるのは，この角度の大きさによっているためである．ごく少数の人たちがこの観測を行っており，いかにすべきかを知っているのはさらにその中のほんの一部の人たちだけに過ぎない．そのような知識なしで像の制作を実行しようとすれば，必ず失敗し，そのため学問が間違っているだけだと信じてしまい，学問が面目を失うことになる．以上が，天の像が宝石に刻まれたことに関する助言と理由である．

しかし，自然の力はある期間だけ持続し，そう長くは続かないことを知らないわけではないが，それは像に関しても同様であり，『生成消滅論』の最後のところで述べたように，ある種の力は天から一定の期間だけ注ぎ込まれる．その後は空虚で無用な像が，冷たくなって死んだようにして残っているだけである．これが，大昔は役立ったが，現在ではまったく役立たない像のある理由である．そこで天文学では，いくつかの「年」が星座や惑星について区別されており，ある星については，大，中，小年があるといわれ，その間に大，中，小の強さの効力を及ぼす．

第4章　なぜ像が東方，西方，南方および北方風と呼ばれるか

エワックス，アーロンやディオスコリデスやその他［の人々の著書］に，像のあるものが東方，南方，北方および西方風と記されているが，現在では石に関係している人たちによって，このことが誤って理解されている．その理由としては，像が三宮の一つ，東方，西方などに応じて刻まれたと昔の人が言っているためである．［獣帯の］宮は4つの三宮に分割されることは，すでに『元素性質論』で述べたので，ここで繰り返す必要はない．土質の三宮は南方と呼ばれ，それはプトレマイオスの言うように，南風が長期間吹き，その三宮から吹き出す以外に理由はないが，他の風はあまり長くは吹き続かない．なぜならば，土質の三宮は世

界の4つの圏中で，南方においては他よりも強力であるためである．まったく同じ理由から，**水質**の三宮は北方と呼ばれ，**火質**の三宮は東方，第四の**気質**の三宮は西方と呼ばれる．像も［同様に］南方，北方などと名づけられている．それは，三宮の像が印されているからであって，その効力がそれぞれの4つの圏で強いとか弱いとかのためではない．それにもかかわらず，像が刻まれたときに三宮の風が吹けば，天の作用として認められ，像はより効力ありと見なされる．

しかし，天の作用はその像に相応しいと見なされる特有の質料を探し出すものと，徹底的に理解すべきであろう．そこで，古代の人たちは，像の中に造られた質料はある特定の石や金属ではなくて，天体の配置の違いに応じて，あるときは一つのものが，他のときには他のものができると主張している．

なぜインドとエジプトで産する石は他の産地のものよりも優れているか　石のあるもので，インドとエジプトから産するものの方が，他の産地のものよりも優れているのは，惑星の力がこれらの地方でより強力なためだと言われている．なぜならば，これらの地方は赤道直下か赤道と熱帯との間にあって，第四帯に当たるからである．これらの位置の第一と第二の［地帯の］中にある場所では，惑星は光を東から西へ，北から南へ照射して，その効力を高める．しかし，中間または第四の地帯では，惑星の性質がおよぼす元素に対する効力をより高めるような混合が起こる．そのため，これらの像はより強力であり，かつより信頼できる．しかしながら，他の地帯では惑星は北方にくることはなく，常に南方から斜めに見下ろしている．そのために最初に示した地帯において造られた像よりも，これらの地帯で造られた像の方が，より大きな効力を注ぎ込む．この理由については，『地理学』の中で説明した．

この方法で知恵を得るために，ピュロス王[5]は指に瑪瑙をはめていたということを，何かで読んだことがあるが，その瑪瑙には九柱の［ムサ（ミューズ）］とその真中で手に竪琴をもった知恵の神アポロの像がすばらしくも美しく彫られていた．

エジプトから脱出したときに，イスラエルの子らによって伝えられたという彫り物に関する通俗的な伝説については，否定も肯定もしない．というのは，モーセについて読んだ話では，妻が彼の許を去るときに，彼はこの類の彫り物がほど

こされた忘却と記憶の指輪をつくって与えたという．学問的な記録によれば，数学はエジプトで興ったという．この種の彫り物は，その起源が数学にある．

■ 第 5 章　石の像の意味

　当面の目的には，上に述べたことで十分であるのは疑いないが，それでもなお読者の興味を引くであろうと思われる像の意味について何かしら語ろう．その後に，結紮と懸吊の効用について述べて，それをもって石の論考の終りとする．

　さて，一般的で包括的な説明を提示しよう．

　白羊宮，獅子宮と人馬宮が［石に］彫られていると，「火」と「東」の三宮であることから，これらの石は熱や水腫，麻痺やその他の疾患に効く性質がある．熱は有益な効力があるので，これらを身に着けた者は器用で賢く，また世の中で名誉ある地位に出世すると言われており，とりわけ獅子宮は［この効力が著しい］．

　双児宮［双子座］，天秤宮［天秤座］と宝瓶宮［水瓶座］が，石にぼんやりと刻まれていると，「気」と「西」の三宮であるために，熱い体液を冷やし，それを身に着けている者を友情，高潔や礼儀正しさ，法の厳格な遵守や交友へと向かう気持ちにさせると言われている．

　蟹座［巨蟹宮］，蠍座［天蝎宮］と魚座［双魚宮］が石に刻まれていると，「水」と「北」の三宮であるために，エティカやコウソン［と呼ばれる］のような熱く乾いた熱やその類を冷やす．『像の芸術』によると，気まぐれ，不正，嘘や詐欺への傾斜をもたらすと言われている．その証拠は，蠍座はムハンマド（マホメット）の像であり，彼は不正義以外を教えたことがない．

　牡牛座［金牛宮］，乙女座［処女宮］または山羊座［磨羯宮］が［石に］刻まれていると，「土」と「南」の三宮であるために，その効力に［関する］限り，それらは冷たく乾いており，それを身に着けている者の気絶の発作や熱病を治すと言われている．それを着けている者を宗教的献身，農業用，ブドウ園や野菜の栽培などの土地を所有するように仕向ける．

　同様な考察が，獣帯の外に配置されている像についても成り立つ．

　ペガサスが［ぼんやりと］石に刻まれていると，戦場の兵士や騎乗で戦う者に

幸運をもたらす．また，馬の病気にも効果がある．ペガサスの像は，翼のある馬の半身である．このような効力をもつので，『像の芸術』の中でペガサスはベレロフォーン [と呼ばれ]，すなわち「戦の源泉」である．

アンドロメダは，[石の上に]座って横を向き，手を曲げた少女の像である．この像が宝石に彫られていると，愛を自然にとりもち，先に述べたように夫と妻の間の愛を持続させる．また，不貞をはたらいた者ですら，仲直りさせると言われている．

カシオペイアは，肘掛椅子に座って，腕を挙げて曲げている処女の像で，これが眠りを誘い元気を回復させる宝石に彫られると，労苦の後に休息を与え，弱った身体を強化すると言われている．

蛇遣座 [の像] は，腰のまわりに蛇を着けた男で，その頭を右手に，尾を左手にもっている．この像が解毒作用のある石に彫られると，毒に対して有効で，それを身に着けるとか，その屑を飲み物といっしょに摂ると，毒をもつ動物に咬まれたときの治療に役立つ．

ヘラクレスの星座 [の像] は，肘をついて，手に蟹をもち，ライオンを殺している男であり，もう一つの手に [ライオンの] 毛皮をもっている．そのため，ヘラクレスの像が石に彫られていると——特に勝利に値する石に彫られれば——それを身に着けた者が戦場に出たときに，勝利を収めると言われている．

天の北極の近くに2つの熊 [大熊座と小熊座] の像があり，その間にねじれた竜座がある．賢さと技能を与える石に彫られると，狡さ，器用さや勇敢さを増すという．

土星(サトゥルヌス)を彫ったものは，手に湾曲した鎌をもった老人の像である．彼は嬉しげでも，笑ってもおらず，暗い顔をして，まばらな頬鬚を生やしている．これは，その冷たさと乾きのために，徐々に増大する力を——特にそれが同じ性質をもつ石に彫られると——与えると言われている．『占星術』によると，土星は高貴なものへの志向はないために，卑しいものに彫られた場合に，より速く [この力を] 与えることを知るであろう．

木星(ユピテル)は，アリストテレスや他の学者によると，さまざまな像があり，その中の6つが観察されるが，その中の一つだけを取り上げれば十分である．羊の頭と巻

いた角をもち，長く流れるような髪と薄い胸の男が彫られていれば，それはユピテル［ジュピター］の像である．人を喜ばす能力を与える宝石の上に彫られていると，人を高潔にして，何でも欲しい物を他人から得ることができ，特に宗教と信仰で求められていることにおいて幸運が得られるという．

しかし，もし賢さを与える宝石の上に優美な身体，すなわち美しく小さな顎鬚，薄く輝く唇と狭い鼻をもった男で，足に翼が生え，蛇が巻きついて先端でとまっている杖を右手にもった像が彫られていると，これは古代の異教の寺院——特にドイツの各地の——から出る石にしばしば見つかるが，これは水星（メルクリウス）の図像，すなわち書記である．これは，とりわけ修辞学，商売やその他の仕事で賢さを与えると言われている．

金星（ウェヌス）については簡単に述べるわけにはいかない．その像については，魔法についての大きな2冊の書物が，その像についてだけ論じている．

太陽と月については，スペースの関係で触れないが，いくつかの異なる［像が］ある．

海蛇座，［すなわち］その上の頭のあたりにコップ座と，背中の上で尾の前のところに鳥座を伴った蛇が，富をもたらす石の上に彫られていると，富と賢さをもたらし，危険から身を護ると言われている．

ケンタウロス座は，左手にナイフをぶら下げた兎を，右手には小動物のついた杖と鍋をもった人として彫られている．いつも健康に過ごせるようになるという．伝説では，ケンタウロスはアキレウスの先生で，アキレウスは手にそのような石をもっていたという．

同様に祭壇座は，聖遺物匣のように彫られているが，処女性と貞節への志向を与えるという．

鯨座は［背中に大きな瘤をもった凸字型の蛇として］彫られている．陸上でも海上でも幸運，賢明と社交性をもたらし，失ったものを取り戻すと言われている．

アルゴン［座］は，帆をすべて張った［船のように］彫られているが，商売やその他の仕事に安全性を与えると言われている．

［石に］彫られた［兎座］は，偽りや非常識な話に対して有効であると報告されている．

論考Ⅲ　石の印像　　　　　　　　　　83

　オリオン［座］は，手に三日月鎌か剣をもち，同じ力をもった石に彫られると，勝利をもたらすという．

　頭の前に矢座とともに鷲座が彫られていると，すでにある名誉を保ち，新たなそれを得ると言われている．

　同様に水瓶座［の前の白鳥座］は，四日熱を治すと言われている．

　右手に剣，左手にゴルゴンの首をもったペルセウス［の像］は，雷光，雷雨や嫉妬による攻撃から身を護ると言われている．

　牡鹿座は狩座と犬座といっしょに彫られていると，狂人や気違いを治すと言われている．

　金星［ヴィーナス］は，長い着物を着て，月桂樹の枝を手にもった姿で彫られると，美と名誉を与えると言われている．

　他の多く［の像］に同じような説明を与えられるが，それについては他の学問が取り扱うので，ここでは必要でない．これらのことは，自然法則では説明できず，占星術，魔術や魔法に関する知識を必要とするが，それらについては他のどこかで論じられる．

第6章　石の結紮と懸吊

　実際には，この学問に密接に関連したように思われることは，結紮と懸吊である．なぜならば，これらの治療法と救済法は，自然の力によってのみもたらされるからである．そのため，哲学者のアリストテレス，［コスタ・ベン・ルカ[6]］，ヘルメスやその他若干の人たち［の議論］に基づいて，何かしら述べなければならない．

　ゼノン[7]は，著書『自然のこと』の中で，結紮と懸吊の効能や石そのものの効能を説明しようとして，石を火から，また同様に水から造り出す，隠れた普遍的な力があり，ボゾンと呼ばれる場所にそれが注ぎ込まれると，固まってしまい，もはや元の質料には戻らないと言っている．ゼノンはさらに付け加えて，石について次のように言っている：水と土に起こることは，動物と植物にも起こり，質料，時間や場所の隠れた力により，それらは完全に分解されるか，石に変換される．哲学者ゼノンの言っていることを説明する方法は，第Ⅰ巻で述べたことから

理解できる．なぜならば，石は火からはできてはおらず，［火は作用するという意味での］動力因以外の何ものでもない．

　普遍的な力は天の力以外の何ものでもなく，天の力は生じたすべてのものを存続させ，それにすばらしい効果を発揮させる．プラトンとソクラテスによると，これら［の力］は，身体の一部に適切に結びつけるとか，首から吊るすと，その力が作用する．またソクラテスは，魔力は4つの方法で生じると言う．すなわち，それらはものの結紮と懸吊，呪文と祈祷，書かれた護符と像である．

　彼らはさらに，理性的な霊魂は［魔力によって］正気を失い，恐れや絶望に陥り，または喜びや自信を得るとも言う．これら心に起こることは，肉体に慢性的な病気を生じさせたり，健康をもたらしたりする．

　しかし，ここでは石の結紮と懸吊以外については，［論じる］つもりはなく，高名な学者の見解に基づいて，それにどのような効能があるかについてのみ論じる．

　［コスタ・ベン・ルカの］『身体の結紮』の中にある記述によると，二人の学者，アリストテレスとディオスコリデスは，縞瑪瑙を首から吊るすと悲しみが増し，顔色がまったく蒼白になって，恐怖と憂鬱な状態に陥り，その結果病気になると言う．

　しかし，アリストテレスは，珊瑚からとれた縞瑪瑙は，癇癪（かんしゃく）もちの首に吊るせば，その発作を予防すると言う．

　いっぽうディオスコリデスは，ガガーテスかカカブレで燻すと，癇癪の発作を促し，盲にすると言っている．

　さらにまたディオスコリデスは，ガラディデスと呼ばれる石があって，それを火の近くに置いてから，遠ざけると，火が消えると言っている．

癲癇に効くことの注　アリストテレスの言うところでは，スマラグドゥスか何かを首に結びつけると，癲癇（てんかん）の発作が起こらなくなり，場合によっては完全に治すという．そのため，貴族が子供にその石を結びつければ，癲癇にならないようになるだろうと薦めている．

　さらにアリストテレスは，著書『宝石』の中で，ある種の磁石の端は鉄をツォロン，すなわち北へ引く力をもっていると述べており，船乗りはこれを利用するという．しかし，この磁石の他の端は反対方向のアフロン，すなわち南極へ引く．

鉄を北の端の近くへもってくると，鉄は北向きになり，反対の端にもってくると，すぐに南向きになる．

　同じ本の中で，さらにアリストテレスは次のように断言している：鉄もその他のいかなる石も，アダマスには勝てないが，鉛は金属の中で最も軟らかいので，それに勝つことができる．アダマス［ダイヤモンド］とサボトゥス［エメリー］は，他のすべての石に穴をあける性質があり，またそれらを擦り減らして，輝かしい光沢を顕させる力がある．

　またアリストテレスは，同じ力をもった2つ，またはそれよりも多くの磁石を上下に重ねて，その間にパレットの塊，すなわち鉄をはさむと，それが空中に浮くことを報告している．

　アリストテレスは，また次のようにも言う：磁石には多くの異なる種類があり，ある種の磁石は金を引き，これとは違う他のものは銀を，あるものは錫を，あるものは鉄を，そしてあるものは鉛を引くという．

　あるものは一方の端で引き，他方の端ではそちらで引かれるものを斥ける．

　あるものは人間の肉を引き，そのような磁石に引かれた人間は笑い，磁石がとても大きい場合は，死ぬまでその場に留まると言われている．

　あるものは骨を引き，あるものは毛を，あるものは水を，あるものは魚を引く．

　また彼は，白色ナフサが火を引くと言っている．これを使って異教の僧は，人々を騙しており，そのために彼らは，火は天によって点けられると信じている．しかしながら，ナフサは石ではなく，チャルダエアで見つかる瀝青である．

　同様に硫黄の火は鉄を引き，激しく燃やし，石に対しても同様である．木に対しては，ごくわずかな影響しか与えない．彼はまた，油を引く「油質」と呼ばれる磁石があり，「酢石」は酢を引くと言っている．「ワイン石」はワインを引き，この石の泡はワインの泡を引き，その糟はワインの糟を引く．これは，あたかもこれらの中に，石が好むものがあるか，またはそれによって動かされる霊魂があるかのようである．

　さらに，ディオスコリデスとアリストテレスは，ワインを飲んだか，飲んでいる人の臍の上にアメティストゥスや縞瑪瑙を置いたり，吊るしたりすると，ワインの蒸気に抵抗して酔いを醒ましたり，その攻撃から解放する［と言っている］．

エシケス［エキテス；p.51 参照］を癲癇もちの肘に結びつけると，癲癇を治し，また妊婦のお産を助けるという．

ディオスコリデスは，サフィルスを動脈の上に結びつけると，熱を和らげると言っている．またそれを人間の心臓の上に置くと，疑惑を取り除き，伝染病から身を守るともいう．

［アスベストゥスは］硫黄で火を点けると［ものをそれから遠ざけておけば，消えない］．

哲学者の明言するところでは，リッパリウス［リッパレス；p.59 参照］はあらゆる野獣や爬虫類を自身に引き寄せるという．

さらに彼は，オピティストライト（エピストリテス）という石は，野獣から身を護り，それをランビキ，すなわち沸騰する容器の中に置くと，沸騰を止めると言っている．

また彼は，エンドロス（エチンドロス）という石は液体になり，それから溶け出したものは，再びそれに戻ると言っている．

また彼は，海の泡からできた石はスプーマ・マリスと呼ばれるが，それを妊婦のお尻に着けると，お産を早め，また激しく咳き込む子供の首に着けると，咳を和らげるとも言っている．

珊瑚についての注　　ガレノス[8]とアヴィセンナは，赤い珊瑚を胃の痛いところに直接つけると，痛みを和らげることを，経験的に知ったと言っている．

これらが，自然学の立場から観察され，偉大なる人物によって試された石の効能であるが，それは石の固有の形相からの力に由来している．

第Ⅲ巻

金 属 一 般 論

DE METALLIS IN COMMUNI

論考 I
金属の質料

第1章　この巻の構成と論述の順序

　石の性質について検討したので，次いで順序として金属の性質についての研究を取り扱う．というのは，石の中から金属がしばしば産出し，あたかも石の物質が金属の生成に特別に適した場のように見なされるからである．この巻を書くに当たって，前の巻と同様に，私は根気強くアリストテレスの著作を世界の各地に探したが，わずかの抜粋を除いては見出すことができなかった．そのために私は，学者の手によって伝えられたことや，私自身の観察によって発見されたことに基づいて説明するというやり方で記述する．ある時期，私は鉱山地帯を長期間にわたってさまよう旅をしたので，金属の性質については，実地に観察することによって学ぶことができた．同様に錬金術における金属の変換についても研究した．その結果，金属の本質や偶有性についてもまた学ぶことができた．これは最高にして確実な研究法である．なぜならば，個々の原因はそれぞれのことを調べることによって理解されるし，またそれから明らかとなった偶有性はほとんど疑う余地はないからである．あたかも石の科学的研究が難しくないように，これ［金属］

について学ぶことも困難でない．なぜならば，その原因は明白で，その本質は変化せず，すべてにわたって「等質的」［だから］である．その性質がものによっ

石は金属のできたところに必ず見つかる

てさまざまであるため，それを分析することでは完全には理解できない他の物質とは異なって，すでに述べたように石は金属のあるところに必ず見つかるので，石の後に金属についての論考を置いた．私は，純金がとても硬い石から産出するのを自身で見たことがあるし，また金が石の物質と混じっているのも見たことがある．さらに私は，銀が石と混じっているのや，まるでそれを貫く脈のようにして純銀が他の石から産出するのを見つけたが，その石の物質からははっきりと区別できた．さらに私は，鉄，銅，錫や鉛についても同様の観察を行った．しかし，これらについては，石の物質からはっきりと区別できるようなことはなかった．しかし，そのようなことに関して経験豊かな人たちから，金の粒が砂の中から見つかるように，これらの金属も石の物質から区別されて見つかることがしばしばあると教えられた．

これらの物質の変換や一つの金属を他の金属に変換することは，自然学ではなくて錬金術と言われる術によって決められることである．同様に，どのような場所や山から［金属が］見つかるか，どのような兆候があるかは，一部は自然学に，一部は宝探しの魔術に属することがらである．それゆえ，どこかの場所で金属の見つかる兆しは，これから述べることによって理解されるであろう．また，他の発見法については省略する．何故かと言えば，それは科学的実験に基づくのではなく，オカルトや超自然的な経験によっているからである．

石の性質についての巻で採ったのと同じ仕方で進め，最初にすべての金属の性質で共通するところを必要に応じて何についてでも検討し，それをもって『鉱物論』の第Ⅲ巻を締めくくる．

第Ⅳ巻では，それぞれの金属，すなわち7種類のすべてについての検討を実行する．それでもって鉱物の科学を完結するが，『気象学』の最後のところで述べたように，鉱物は自然界で最初の「均質な」混合物体である．

最後に中間物を取り扱い，それをもって鉱物の科学の全体を完結する．

石の性質が，金属のそれよりも元素からかけ離れていないのは疑うべくもない．これは，なぜ石がより粗雑な混合物から造られているかのように見え，かつその

質料の元素がいくらかは相互作用しているかのように見える理由である．

しかし，金属に関してはそうではなく，あたかも動物の体の中では，質料に体液が初めから混入しているに違いないように，同じく金属の形相が混合する以前に**硫黄**[3]と**水銀**[3]の純化があったに相違ない．さらに，塩，鶏冠石，明礬やその他のいくつかのものについても，多分同じであろう．このため，石の科学は金属のそれよりも先行しているので，われわれもこの自然の順序に従うのが適当であろう．

第2章　金属に特有の質料

『気象学』ですでに説明した理屈から，すべての融ける物質の第一の質料は**水**であることを知った．すべて融ける物質は，それが液体である限り，固有の境界をもっていない何か他の結合するものを求める．

『生成消滅論』の第Ⅱ巻で，湿性について説明した．それによれば，融ける物質はすべてその中で湿気が結合しているだけであり，一旦融けると，たちまちその独自の挙動や性質を示し始める．これは名称から分かるように，湿気とか液とかいうものは，融けることが証明できるからである．流体であって，かつそれを包み込んで境界をつくろうというものは，すべて同じ原因によっている．すなわち，それは本質的にかつ本来的に，それ自身とではなくて，他の何かと結びつく傾向がある．それはすなわち湿気と呼ばれるもので，すでにどこかで定義しておいた．それゆえ，すべて融けるものは，その大部分が**水質**の湿気からなるために流体である．すでに[『生成消滅論』の]第Ⅱ巻と『気象学』で明らかにしたように，冷たさによって固くなるものは基本的な質料として**水**を含む．金属が**水**の冷たさで固まることに疑問の余地はなく，そのために湿った体液がそのすべての質料であろう．さて，そのことから，ペリパトス派の先達であるアリストテレスは『形而上学』の第Ⅴ巻の中で，すべて融けるものの質料は唯一であり，それは**水**であると言っている．

『気象学』で明示したように，**水質**の湿気は簡単に蒸気に変換される．これは

---

3)　四元素に加え，金属の構成要素としての**硫黄**と**水銀**はゴチック字体で示す．

錬金術の実験によって証明される．**水**や単なる**水**質の湿気——自然の生来のものであれ，外来の付け加えられたものであれ——を含むものは，火にかけたランビキの中でゆっくりと加熱して蒸発させれば，穏やかな熱のはたらきで**水**がそれから蒸留されて，あとに乾いた質料が残る．いっぽう，金属は加熱しても湿気を保持したままである．それゆえに，金属の湿った質料は単なる**水**ではあり得ず，むしろ他の元素によってある程度の作用を受けた［**水**である］．ある種の湿気は，もともとそれを含む物質から分離するのは困難であり，それを調べてみると，すべてが脂ぎって粘っこいことが分かる．それこそまさに『気象学』で示したように，その各部分が鎖の環のようにつながっていて，容易に引き離すことができないためである．その結果，強熱によってすら金属の湿気はそれから引き離されず，これもまたネバネバしているに違いない．この証拠として，動物の保っている熱の由来する活発な湿気は，すべてネバネバしている．これが，分離したり乾固したりするのが困難なまさにその理由であり，賢明なことに自然はこれを［生物に］付与した．そのため自然は，それが個体の中で長期にわたり，また種の中で永久に存続するように意図している．さらにこの理由から，［自然は］この種の湿気を生気熱を涵養するものとして定めた．それゆえ，金属の湿気は同様にして，それを融かす熱によってすら分離できないように見えるので，金属の質料は間違いなくネバネバしているのであろう．

　油やすべての脂肪の中でネバネバしたものは，簡単に火が点き，それと一体になっているものを燃やすのに役立つ．ランプの油や熱の中の活動的な湿気に見られるように，火はすべてを燃やし尽くしてしまい，後に何も残さない．しかし，金属の湿気の中には，その種のものを見出すことはない．そこで，一部の人たちには，金属の湿気はネバネバしていないように見えるらしい．この種の反証に対しては，すでに『気象学』の第Ⅳ巻で説明したことをもって答えとする．すなわ

ネバネバさには2種類ある

ち，さまざまなものの中には2種類のネバネバさがある．その一つは本質的ではなく，大変に希薄で，それが混じっていても滓や灰などは何も生じない．もう一つは，火は点かないが本質的なもので，ものの中にしっかりと根を下ろしていて，火で引き離して追い出すことはできない．この例として，ワインを蒸留して得られるアルコールを挙げることができる．そ

れには一種のネバネバさがあり，軽くて可燃性があり，容易に蒸留されてあたかも偶有性の一つであるかのようである．他の一つは，アルコール自身のすべての質料と結びついていて，その物を壊さない限りはそれから分離できないし，可燃性もない．これは，自然に生じたすべてのものに当てはまる．

　この証拠は，錬金術の操作で行われることに見られる．[錬金術は]あらゆる術の中で，自然の最良の模倣である．錬金術では，黄色いエリキサをつくるのに硫黄に如くものはないことが知られている．これは，燃焼に関してはすべての金属を燃やすほどに非常に活動的な油質であり，また燃え続けているものにそれが振りかかると，すべてのものを黒くしてしまうほどに活動的である．[それゆえ，錬金術では]硫黄を酸性の溶液で洗って，それから黄色い水が出なくなるまで煮る．この溶液では，すべての燃える油質のものがなくなるまで取り除かねばならない．すると，灰になることもなく火にも燃えない，耐火性の希薄な油質が残っているだけになる．そのため，自然の生み出した金属の質料では，これとよく似たような油質の湿気が多量にあって，展性や融解性の原因となっている．これらのことは，金属の性質を調べたアヴィセンナ，ヘルメスや他の多くの権威者によって，明快に述べられているところである．

　さらに，すべての種類の金属で，それらが液化したときに，それを注ぎかけたものをまったく濡らさずに，その平らな面上を[丸くなって]転がって，全体を覆わないことを見かけることがある．これは，水，ワイン，ビールや油などすべての**水質**と油質の湿気の振る舞いにおいては見られない．これらを，石，土や木の上に注いだとき，平らな面を見つけるとそれらを濡らして，その上に広がる．しかし，融けた金属ではこのようにはならない．それは，触れたものにくっつくことはなく，完全に広がることもなく，ある意味ではまるで固体であり，ある意味では液体のようである．それゆえに，希薄な油質の湿気だけが，その中の唯一の質料なのではなく，希薄な**土**と完全に混合しているに違いない．それが触ったものにくっつくことや完全に流体になることを妨げており，くっつき合って球粒になるようにしている．なぜならば，精妙な**土**はその中のどこにでも湿気をつかまえて，一緒にくっつけて，しっかりと保持するためである．境界をつくって，自身以外の何ものもくっつかないようにしてしまう．湿気があれば，それから**土**

質の乾性を引き出して，平らな表面の上を流れ去ってしまう．しかし，もし土質の乾性が湿気によってどこでも保護されなければ，液化を引き起こす火によってたちまちのうちに燃え尽きてしまう．あたかも鉄の中で，火が湿気に覆われていない土質の乾性をすべて見つけ出して，鱗状にしてしまうように，土質の乾性はザラザラで鱗状になってしまうであろう．このことは，ほとんどすべての金属に関して同様である．それゆえに，金属の基本的な質料は油質の精妙な湿気であることは明白である．その質料は，精妙な土の中に含まれて，完全に混合している．そのため，両者の大部分がただ単に結合しているだけでなく，互いに入り込んで結合している．

第3章　前のこととの関連で，なぜ石は金属のように展性がなく，また融けないのか

　この上に立って，前に進もう．しばしば受ける質問に「石はなぜ融けないで，銅や他の金属は融けるのか」というものがあるが，これに対しては簡単に答えられる．また「石は火だけで破片に壊れて砂利になるのに，金属はなぜまったくそうはならないのか」という質問もある．この答えは簡単で，石はより多くの土を含むからである．しかし，これはどこでも湿気で保護されているわけではないし，金属ほどにはその湿気も油質ではない．そのため，窯の高熱の中に置くと，水質の湿気は消えて，石は砂利になってしまう．また，石では乾性が湿性を凌駕するために，石は完全に破片に壊れてしまう．いっぽう，金属では湿性が乾性を凌駕するので，金属は液化する．このことが，金属には展性があるが，石にはそれがない理由である．実際に金属は油質の湿気を多量に含んでおり，土質の部分と自身とを留め金で繋いだようにしっかりと結びつけている．そのため，ハンマーで叩いて水質の部分を移動させると，それに触れたものに場所を譲る傾向があり，その結果については，すでに『生成消滅論』や『気象学』で論じたが，分離に抵抗して土質の部分を強引に引っ張る．その結果，金属は粘性のあることと，油質の水部分と土部分とが十分にしっかりとくっついていることのために，連続性を失わずに引き展ばされる．しかし，石では乾性が卓越するので，それに触れるもの何にでも対して抵抗して潰されない．壊れるのは乾性によるので，ハンマーで

叩いても潰れることはなく，壊れて破片になるだけである．

　土質は金属の湿気の中を浮遊して吸収されているために，非常に精妙である．それは破壊されないばかりか，極端な冷たさで生じるようには，湿気を完全には追い出せない．むしろ，アヴェロエスが言うように，徐熱で分解や熟成したり，蒸気で煮沸したり，乾いた熱で焼いても壊れない．冷たい湿気は，それに固有のもので，外来のものではないので，その本性の一部となるように完全に処理され，分解されてしまう．そのため，乾性は湿気といっしょに流出する．あたかもエンペドクレスが，頭と首がうまくくっついていることを証明したように，湿気は土質の乾性にしっかりと保持されている．

　あまり熟練していない錬金術師が言うように，湿性の熱で分解されれば，内部にも外部にも湿気があるに違いない．そして，内部の湿気はほぼ完全にそれから引き出されてしまう．しかし，焼かれて分解する場合は，反対のケースであって，不合理にも他の人々が言ったように，外側は湿気によって影響されず，内側にわずかの湿気が残るだけである．この証拠として，完全には分解されず，生煮えにされた金属は，鉄や銅のように鱗状になったり，鉛のように不完全になったり，錫のように「吃る」混合物［p.114 参照］を含む．これらのことは，以下の章で明らかにされるであろう．

第4章　金属の質料に関する古代の人々の見解

　アヴィセンナが2つの著作，すなわち『哲学者の石』と哲学者であるハーゼンに宛てた『錬金術［についてハーゼンに宛てた書簡］』の中で述べていることは，ここで述べることと矛盾しない．というのは，この2つの書物の中で，**水銀**と**硫黄**がすべての金属の質料であると書かれているからである[1]．すでに述べた湿気も——またこれについてもすでに述べたが——**土質**と混合したものは**水銀**の中間的な質料になる．さらにすでに記載した油質の質料は，**硫黄**にとって固有の基本的な質料である．

　ヘルメスや他の何人かは，金属はすべての元素から構成されると言っているようであるが，これも否定することができないのは明白である．しかし，そうであったとしても，物体の質料はその成分だけでは決まらず，その中で最も多量にあ

るものによって決まるのである．しかし，あらゆる見解の中で奇異かつ滑稽なのは，いくつかの錬金術書に見られるデモクリトスの説に依拠したものである．すなわち，生石灰と「水の一種」が金属の質料であるというものである．もし生石灰が質料であれば，それは焼いてつくれるし，水と混ぜれば漆喰のように固まる．しかし，金属も石のように硬くなって，破片に壊れてしまうはずで，液化することはない．さらに火に当てれば，金属は漆喰の場合と違って液化するどころか，より固くなってしまうはずである．錬金術師の説くように，生石灰を焼くことによって［つくられた］塩性や鋭さを「水の一種」が取り除くということを，彼らが溶液を使って示したというが，もしそれが「切れのよい水」を意味するのであれば，この水が金属の質料であるというの［陳述］は，正しいはずがないであろう．なぜならば，生石灰は**土**質の物質であって，『気象学』で説明したところによれば，**土**質のものは何であれ焼かれると，その中の空隙は収縮して閉じてしまう．生石灰はこの類のものであるから，**水**がその中に浸入するのが妨げられて，それは十分に堅固に固まることはない．これが，漆喰が火にさらされると，その中の湿気が失われて粉末になり壁からはがれ落ちてしまう理由である．したがって，デモクリトスの金属の質料に関する説は［事実に］合わない．彼は，不十分な証拠から誤った結論に到達したのである．すなわち彼は，エリキサは「月」と言われる銀をつくるのに最も適していて，まず生石灰や鉛白に取り込まれるのを見た結果，人工または天然の金属質の産物にはこれと同じ種類の何かがあると信じたのである．実際にはこれは必要ではなく，技術は自然が必要としないものを必要としたためである．しかし，技術的には生石灰や鉛白を適当な固さや色をつくり出す以外には必要としない．いっぽう，自然はこれを分解するだけで適当な物質をつくり上げる．すでに『気象学』で明らかにしたように，蒸解や徐熱だけで，他には何も付け加えることなしに，この過程において加熱したり蒸解したものを固化させたり濃密にすることができる．

融けた灰が金属の質料であるというユダヤ人の論拠　ムーア人のセヴィリアはスペインに復帰したが，そこのあるユダヤ人は『秘密の書』の中で，融けた灰は金属の質料であると証明したそうである．彼は，不確かな論拠を提起しているが，それは乾いた熱で強く熱すると灰は融けてガラスになったというも

のである．それは冷やされて固まり，金属のように乾いた熱で液化したともいう．したがって，その質料は共通のように見える．固化や液化で同じ挙動をとるものは，同じ質料を含むと［アリストテレスの］『気象学』に書かれていると，彼らは主張している．さらに**土質**は極端に強い火力以外では精妙化したり，分解されたり，または湿気と混じり合うことはない．火はそれを精妙に分割して，湿気と混じらせるであろう．これが金属の**土質**が湿気中で燃えて，灰になる理由である．また，彼が言うように，これがすべての金属が水に沈む理由でもある．彼の言うところでは，油質の湿気も同様だとされているが，それが卓越しているものの中では，そのようなことにはならないであろう．さらに'ユダヤ人'は加えて，すべて油質の湿気を含むものは，木のように火で燃え尽きると言う．しかし，どれ一つとして火が点いたり，燃え上がったりする金属はない．そこで彼は，［金属の］**水質**の湿気では融ける**土質**の灰を含むと主張している．

これに対する攻撃　　これらの議論は不確かで馬鹿げている．というのは，彼らは学者ではなく職人であり，錬金術の機械的［操作］にあまりにも重きを置き過ぎて，自然学に関して誤った記述をしてしまったのである．彼らが犯した大きな誤りは，『気象学』の中で灰について述べられているところを見れば明らかである．そこでは，灰は水を注いでも，それを保持できないとされている．なぜかと言えば，それはまったくのところ多孔質で，中の湿気を逃がしてしまうからである．そのため，もし灰が金属の質料であれば，それはどのような湿気によっても積み重ねることは不可能であろう．さらに，灰が火に当たると，それから蒸発してくる湿気は黄色や赤色になる．しかし，われわれは秘儀［すなわち錬金術］によって，そうではないことを示すことができる．

その理由の解明　　われわれは，ガラスになるものに侵入する質料は灰ではないと否定し去ることができる．そのかわり，燃えて灰になるものは何でも，基本的でかつ本質的なある種の極めて純粋な性質をもった湿気である．それを燃やすことのできる火のはたらきでも，完全には除去できない．しかし，火が非常に高熱であれば，フリットとして炉床に流れ出す．これは石の科学のところで説明したように，乾性の強力な作用を受けた湿気である．そのため，液化する質料は——原料であれ最終生成物であれ——同じ種類の質料，すなわち湿気である．

細かく分割しなければ混合できない質料について語る場合は，次のように言わねばならない．一度成分がバラバラになって，互いに混じり合って一つになれるのは，燃えることによってではなく，混合によってである．そこで**土**の最小の部分と**水**の最小の部分とが混じり合い，また逆に最大の部分と最大の部分とが混じり合う．そのようなやり方では，その固有の粒子からは分離しない．そのため，**土**の一部が**土**の他の部分から分かれて見つかることはないし，**水**の一部についても同様である．しかし，一方の大部分が他方の多くも少なくもない［ある量の］部分とくっつく場合には——すでに述べたように——どれ一つとしてその固有の物質から分離することは決してない．これは'ユダヤ人'が理解しなかったことである．

金属が水に沈むことについての陳述は十分なものではないが，次のようになる．金属の中の乾いた**土**質の灰が過剰なほどに多量にあるからではなく，**土**が湿気に取り込まれており，隙間に**気**が閉じ込められているからである．これが，金属が**水**で［できているので］はなく，それに沈む理由である．

火で質料の油質な湿気が燃えないという陳述も正しくない．『自然学』で明らかにしたように，油質で脂質のものはそのような質料から分離して，火で燃えないような精妙な湿気は後に残るであろう．

以上で，金属の質料についての簡略な説明を終る．

第5章　動力因と金属一般の生成

動力因について，次のやり方で議論を進める．表面的に見れば，すべての金属に，それに完全な固有の形相を与えるのは冷たさのようである．それ［金属］が凝固するのは冷たさにより，凝固と堅固さはそれを存続させるが，融解はそれを融かして壊してしまう．その証拠としては，多くのまたはすべての金属で，それが融けるときに，その質料のいずれかが分離する．しかし，凝固に際しては，何も失われない．このため多くの人々は，金属を凝固させる冷たさのみが金属の生成因だと宣言する．さらに，生命に固有な形相をとるものにおいては，その形相をつくり出すことに関しては，熱以外に質料を制限するとか，変化させるものは何もない．それは金属においても同様であろう．金属は融けても，固まっても，

その同一性を保持するので，このことは間違いないだろう．しかし，固有の形相が冷たさによるのであれば，金属は固体で硬くなったとき以外は，同一性を失うであろう．それゆえ，冷たさは金属の生成の原因ではない．さらに硬化や凝固は，異なる形相や性質をもつ他の多くのものであっても同じように起こる現象である．しかしながら，この方式で他のものにも当てはまる実在の形相は存在しない．またこれとよく似た議論の帰結として，冷たさが金属に固有の形相を与えるものではないということは，疑いもなく確かなことである．金属の性質について深く考えたことのない一部の学者は，未だにこれを信じている．

　すべての金属の質料は，十分に蒸解された精妙な**土**を含む湿気であり，燃えると嫌な硫黄のにおいを発する．硫黄は熱以外では生じないので，**土**と**水**を蒸解し，変換し，それらをいっしょに混合して，質料を変換させる原因となるのは熱に違いない．また，『気象学』で述べたように，液体を濃厚にして堅固にするのも，それを蒸解するのも熱である．われわれが金属と呼ぶものの本質的な質料は**水**であるが，それと湿った**土**質の何かといっしょになって，それを堅固にして，金属質の混合物に濃厚化することは，すでに確立された学説である．すでに述べたところから明らかなように，これは熱［のはたらき］である．したがって，熱は金属を精製する原因であるに相違ない．さらに，前の巻でしばしば言及したように，混合の原因は熱である．その自然の運動によって，一つの元素は他の元素から分かれる．**水**はそれ自身では下向きに運動するが，**土**と比べれば上向きに運動するし，**土**は**水**に比べれば下向きに運動する．しかし，**水**の中の**土**に運動を起こさせるのは冷たさではなく熱であるから，それらはつかまえられて，しっかりと保持される．そのため，金属を生み出す原因は熱に違いない．

　さらに考察を進めると，熱のみがその——金属——生成の唯一の原因ではない．すでに石の生成についての巻［p.8 第Ⅰ巻論考Ⅰ参照］で述べたように，もし熱だけが原因であるならば，それは自然の湿気を乾燥させず，**土**を燃やすことなしには継続的に作用しない．金属の固有の形相ができ上がれば，そのはたらきは止む．それゆえに，熱そのものは他へ逸れることなく，金属の形相を完成させるという手段としての役割を演ずるだけであろう．さらに多くの技術が，目的を完成させるという手段をはたらかせていることは明らかである．料理人が，茹でたり

焼いたりするのと同様に，質料を蒸解して変換しようとする火もある．自然においても同じように，そのはたらきはいかなる技術よりも確実で，より直接的である．したがって，自然には動力因があるのは確かで，それは天界の星によって注ぎ込まれ，金属の質料を蒸解させる熱のはたらきによって，その固有の形相へと仕向ける．どこかで述べたが，熱は「動く知」から動力因と正しい方向性を与えられて，恒星天から光の力とそれに由来する熱の力——それは異なるものから似たものを分離させる力であり——すなわち**火の力**［としてはたらくもの］である．

　ものが固有の形相をとるには，次の3つのことが必要である．第一に，不適格なものは蒸解する火の熱で消滅させられなければならない．対立する受動的な性質［湿性と乾性］の結合は，それら自身の熱によって蒸解される．最後に，これらが質料から取り除かれて，質料はそれに付与された境界をもつことになり，その固有の形相を完成させる．これを実行する力をもつものは熱であるが，境界自身の——すなわち，まさに形相であるところの境界の——力を除いては，それは境界をつくる力はもっていないであろう．そのために，動力因は境界をつくる熱を導き，制御しているに違いない．しかし，この形相はものの中につくられた形ではなく，自然界のすべての物体に形を与える第一原因の形相に違いない．この原因は，天の第一動者であり，天の運動と元素の性質を通して自然に形相をもたらす．これは，あたかも芸術家が斧と槌で彫像を刻むようなものである．アリストテレスは，自然の仕事は芸術のようだと言っている．家は［建築家の心の中にある］家［のイデア］により，健康は医者の心の中にある健康［のイデア］により，熱と冷たさとの反応でつくられる．

　以上が，金属をつくる特有の原因である．

第6章　金属の基本的形相

　すべての物体の基本的な形相とは，それを存在せしめているものであり，金属では単なる固化とは何かしら異なったものである．なぜかと言うと，すでに指摘したところであるが，［金属は］融けても同一の種類のままで，その数は変わらないからである．融けた金は依然として金であり，銀についても，他の金属につ

いても同様である．特に金属では，その形相は地と天の力と数的な比例関係にあると言う人もいる．プラトンに帰せられるある錬金術の書物によると，数と数比は金属の形相と呼ばれている．さらに，その比は構成元素の力の比を示すともいう．なぜならば，天と地の力の比からすべてがつくり出されるから，地の力は冷たく乾いており，天の力は——彼の説によれば——7惑星のものである．もし大地の力が3つの性質——乾性，冷性と天性——において，光と高貴さを発する惑星の力に勝っていれば，その結果は鉛のように，暗く，重くかつ冷たいものになるであろう．いっぽう，もし天の力が勝っていて，地の力が劣っていれば，[その結果は]より輝き，破壊できないものとなり，またいくらかより緻密になる．それは緻密であるがゆえに，重いはずである．そうである限りにおいて，逆もまた真であり，その比は金の形相をなすものだと言われている．同様にして他[の金属]も形成されると，彼は説く．そのため，7種類の金属は7惑星の名前で呼ばれる．鉛は土星，錫は木星，鉄は火星，金は太陽，銅は金星，水銀は水星，そして銀は月である．[これらの金属を]構成するそれぞれ異なった数が，7惑星を構成するものだとも言う．

<small>占星術に従って金属を命名することに関する注</small>

後にプラトンは，ヘルメスのこの説に従ったわけで，もともとはヘルメスが最初の提唱者である．錬金術師たちは，彼の考えを借用して宝石は恒星の力をもち，7種類の金属は，下の天球の7惑星に由来する形相をもつと主張している．天の力が地上のものを形成する基本であり，惑星は二次的なはたらきをするのであろう．彼らはこの陳述を支持する根拠として，天球が**土**に運動を与え，**土**から造られたものが，形相や数において他の元素から造られたものよりも多様性に富んでいるという，正しい主張をしている．ヘルメス・トリスメギストスが次のように言っていることから，この主張は確かなように思われる．すなわち，大地は金属の母で，天は父であり，**土**は山，平地，平野や水[川]などの至るところに充満しているという．しかし，この見解は次のように理解される．元素の力が能動的[熱と冷]であるか受動的[乾と湿]であるかを問わず，その比がすべてのものと同様に現実態の先天的な原因である．なぜならば，形相は——すでに石の科学のところで述べたが——物体の基本的な能動的でかつ形成的な力であり，形成と能動の原理を賦与されたものである．

金属の種類を，他の星ではなくて惑星に帰するのは，石は安定な状態に固定されたと見なされる形相であることから，場所や形象が不変の恒星に帰せられるのに対してである．ここでいう場所とは，天球上の位置を指すものではない．それはすべての星において変化するので，星座における他の星との位置関係を示すものである．例えば，2つの明るい星について見ると，一つは牡羊座の角のところにあり，他の一つはペルセウス座の膝にあって，あらゆる季節を通して両者の直線的な距離は変わらない．他の星についても，天の星座が壊れない限りは同様である．したがって，石はそれが存在する限り，同じ組成や形相であり続ける．いっぽう金属は，すでに見たようにさまざまな挙動をとり，あるときは液体で，あるときは固体である．それを構成する質料が液体であれば，それはいろいろな挙動をとりうるので，どこか惑星と共通したところがある．惑星の力が元素に力として注ぎ込まれ，それぞれに固有の形相をとる．これらの力が自ずと生じても，または注入されても，金属の固有の形相と合致した形相となる．まったく同様に，動物の種の形成力は，再生によって生じる形相と一致する．同様にして芸術品の形相は，芸術家のそれと一致する．

　このように言うプラトン主義者は正しく，『ティマイオス』で述べられているように，第一原因はこのやり方ですべての形相と種類の種を蒔き，その完成を恒星と惑星に委ねた．これが，金属の数，性質や固有の形相が，惑星のそれらと同じ理由である．われわれは，アリストテレスの第一哲学で示されていることから，すべての物体はそれに適した質料から構成されることを知っている．もちろん，イデア，形相と目的が完全に適合するというわけではないが，これらのあらゆる自発的な生成は，自然の生成として還元できるものである．

　アヴィセンナが言おうとしたことは――一部の人々は誤ってアリストテレスの言ったことにしているが――場合によっては土の力が，この種の形相を造るということである．もしそれが土の可能態のみをもつとすれば，他の元素も同様な振る舞いをするので，土の力とは一体何であるのかが分からなくなる．アリストテレスが，芸術作品は芸術家の心の中にある［と言う］ように，霊魂が種の中にあるという限りにおいては，形相を生み出すものは，その形相と共通する何かをもつと考えられる．しかし，哲学者［アヴィセンナ］は，この土の力を単に「金属

の形成された場所の土の力」と呼んでいる．すでに説明したような仕方で，それ自身の中には天の力もあるが，土の力は冷たさによって作用し，一方では乾性は土の性質と形状をもつ至るまで湿気を濃厚化して固めるように作用する［に違いない］と認めざるを得ないだろう．しかし，いかなる方法によっても乾と冷が——よく知られているような——金属という物質として存在する強力で強靱な混合物を造り出せるとは考えられない．さらに，このように定義された土の力は，土の固有の形相とのみ一致し，他の元素の形相とは合致しない．なぜならば，すべてのものは比喩的に同じ名前で呼ばれる，一つの互いに関係をもった原因によって造られることが，確かであり，かつ実証されているからである．このことは石や金属の生成においても然りで，石は石からは生じず，金属は金属から生じることはない．一つの石が他の石を孕んでいて，それ自身の種ではなく，他の物質——それが何であれ——から石が造られると考えるならば，あたかも海綿やナマコのような植物と動物との中間的なものがあるように，石と植物との中間的なものがあってもよいはずである．

第7章　金属には唯一の形相しかないというカリステネスの見解について

　錬金術師は経験的に，われわれに対して2つの大きな疑問を投げかけている．彼らによると，金の固有の形相が金属の唯一の形相であるという．それならば，あたかも不完全なものは何であれ，完全へと向かうように，他の金属はすべて不完全で，金の固有の形相へと向かう途上にあることになる．そうであるならば，金属の中でその質料が金の形相をしていないものは「病気」に違いなく，そのため錬金術師はエリキサという薬を見つけ出そうと努力した．それを混ぜて成分として，金属の病気を除去しようとした．そこで彼らは，金の固有の形相を「あばき出す」ことを試みた．この目的のために，彼らはエリキサを合成し，混合するいくつかの異なる方法を発明した．そのエリキサは，金属に侵入し，攻撃して，火によっても変化しない色，固体性と重さを付与する．ここでは，これらの方法について検討する必要がある．もしこれらの著者の言うことが本当ならば，金属の形相は唯一——すなわち金の——のはずであり，他のすべての金属は「調整中」であって，それらの固有の形相には到達していない未熟児のようなものである．

そこで，このことが真実だと証明されれば，異なる種類の金属が錬金術によって相互に変換できるかどうかに，頭を悩ます必要はなくなる．なぜならば，この見解では金以外は固有の形相をもたず，錬金術ではそれらを変換できないことになるからである．この説の信奉者の代表であるカリステネス[2]によると，錬金術は卑金属に貴金属の高貴さを付与することだという．この問題を正しく議論するために，私はいくつかの錬金術書を調べた．その結果，この考えは証拠や実証性に乏しく，単に権威に依拠しているだけであることが判明した．さらに，哲学では慣習として用いられてこなかった隠喩的な言辞を弄して［真実を］隠蔽しているだけであることも分かった．ただひとりアヴィセンナだけが合理的な接近を試みているが，上記の問題を解き明かすのには程遠いもので，われわれにはほとんど光明をもたらさない．

金属には唯一の形相しかないという錬金術的証明に関する理由の検討

金の形相だけが金属の唯一の形相であるという説は，物質は同じ様式で同じ成分からできていれば，唯一の形相をとるはずであるということを論拠としている．そのためプラトンが言うように，物質はその大きさに応じて形相を与えられ――また，すでに述べたように――物質はそれに適した質料から造られるので，同じ様式で混合した，同じ質料からなるものは，さまざまの異なる形相をとることは不可能である．しかし，すべての金属は精妙なる**硫黄**質の**土**と，それから油質の部分と過剰の**水**質が分離した活動的な湿気からなる混合物であることは，すでに明らかにした．そのために，いろいろな条件が組み合わさることに応じて，それに固有な唯一の形相があるらしい．さらに実験で明らかになったことは，エリキサで銅が銀に変換し，鉛が金に，同様に鉄が銀に変換する．その帰結として，これらの質料は同一であって，すでにあった質料を唯一の形相に完成させたことになる．また，これらは偶有性，すなわち色，味，重さや緻密さの大小においてのみ異なっている．これら偶有性は，その質料にのみ依存する．この類の議論では，［錬金術師は］金属の固有の形相はすべて同一であるが，金属の病気の種類は多いという結論に達したと述べている．

否認

しかし，これとは反対の意見の方が正しいようである．なぜならば，自然物の質料は現実の形相によって完成されなければ，

自然界において安定に存在できないという理由はない．しかし，銀も安定，錫も他の金属も安定であることはよく知られているので，これらも現実の形相において完成している．さらに，もし物体の性質と受動的な性質が異なっていれば，それらは互いに異なったものである．色，におい，［叩いたときの］音色などの金属の受動的な性質が異なっていれば，これらすべてが，いつでもどこでも同じ一つの性質をもった金属であるという点においては似ていても，それらの偶有的な性質はすべてに共通しているとは言えない．それゆえに，［異なった金属では］その素材や固有の形相が違っているはずである．

すべての物質は元素からなる　さらに，もし同じ質料から構成される物質が，その固有の形相を同じくするのが事実とするならば，すべての物質は元素からできているので，生成するものはすべて同じ形相をとらなければならないことになる．この構成元素に基づいた理由づけは，不徹底であるのは明らかである．ものの多様な形態は，その成分の多様な構成比に帰せられ，また金属ではその成分の種類と混ぜ合わせ方がさまざまであるので，後にそれぞれの金属を論ずるところで説明する．

　錬金術師の行った実験は，十分な証拠とはならない．なぜかと言うと，銅や鉛に何かを加えるとか，それを侵入させるという操作で，銀や金の色，重さやにおいをつくり出せたのか，またそもそも本物の銀や金ができたのかも定かではない．カリステネスは，本物の金ができたという証拠があったとしている．しかし，もし本物の金が造られたとしても，それが金属の唯一の形相であるという証拠にはならない．錬金術師の行う操作で，エリキサを金属の質料に注入する方法として昇華，煆焼，蒸留やその他があるが，これらによって金属中にもともとあった質料の固有の形相を破壊することは可能であろう．一般論としては金属質と見なしても良い質料を残して，特定のどの金属でもないものを，他の固有の形相に変換することは，技術の補助があれば可能であろう．あたかも，種子が犂で耕されて，蒔かれることで助けられ，健康が医者の治療で助けられるようなものである．

　これらのことから，金属には唯一の固有の形相しかないと考えなければならない理由がないのは明らかである．なぜならば，金属の生じた場所，その成分や受動的な性質がすべて異なっていることが知られており，またこれが偶然の結果で

あるというのは，どう見ても確かなことではない．そこで，今まさに言ったように，これらの偶有的な性質はすべての金属に共通ではなく，金属がその質料から生じたときのでき方に基本的な違いがあったことを示している．

■ 第8章　どの金属にもいくつかの形相があるというヘルメスや他の学者の見解

　ヘルメス，'ユダヤ人'，エンペドクレスやその仲間のほとんどすべての錬金術師は，これとは対立する見解を擁護しているようである．彼らの言うところでは，金属は何であれ，それにはいくつかの固有の形相や性質があって，その一つは隠れており，他の一つは顕れていて，または一つは内部に，他の一つは外部に，または一つは深部に，他の一つは表面にというようになっている．これは，金属の「潜在性」とか，またはアナクサゴラス[3]が信じたように「すべてのものは，すべてのものを含む」ということを語る人々と似たようなものである．そこで彼らの言うところでは，鉛の内側は金で，外側は鉛であり，いっぽう金においては外側の表面は金で，内側の深部は鉛である．銅と銀においてもお互いに同じ関係にあり，ほとんどすべての金属は他と同様な関係にある．この陳述は奇異に見える．

否　定　　「等質的な」物質は，内側も外側も，内部も外部も，隠れても顕れても，深部も表面も，すべて同じ形相からなる．金属もまた，この「等質的な」物質の仲間に含められることは，すでに確定している．そのため，［これらの錬金術師が］言うことは，極めて馬鹿げている．さらに彼らは，全体における部分の位置との関連で，「内側」と「外側」やそれ以下の用語を使わずに，「卓越したもの」と「付随したもの」の性質に関連してそれらを使っている．それでは，「卓越した」は卓越したものを何でも包括し，覆い隠してしまう．その結果，彼らはアナクサゴラスの考え方，すなわち「すべての金属は，すべての金属の中に」あり，その同定は「卓越した」ものによってなされるということを，はっきりと表明している．

　さらに，金は火で焼かれず，鉛は硫黄を振りかけた場合はとりわけよく焼けるということは知られている．しかし，もし彼らの陳述が正しいとすると，鉛に火を当てると［鉛は］燃え尽きて，隠れた金は残るはずである．こういうことが起

こるのを見たことがない．同様にして，彼らの言うことに従えば，銀が燃えてしまうことから鉛によって護られているとすれば，鉛が完全に燃え尽きた後に鉛の中の銀は残るはずである．アナクサゴラスが言ったように，どの金属にも他のすべての金属が無限の量含まれていない限り，多分このようにはならない．しかし，その場合には，その中のどれ一つとして火で燃え尽きるものはない．これについては，『自然学』の冒頭の部分で否定しておいた．いっぽう，もしこれが正しいとすれば，火で実在の金属を焼き尽くすことは絶対にできない．その結果，隠れた［金属は］自由になって，顕れてしまう．そうなると，錬金術の研究の全体が無意味となってしまう．そのために，この陳述は，この書物全体を通して確立された科学的な理論と合わない．

しかし，彼らは次のように言うだろう．金属はその質料によって［依存して］，互いに密接な関係にあるからだと．鉛は余分な**水**質の湿気を含み，可燃性の脂質の一種と**水**と十分に混合しておらず，また十分に純化されていない**土**質を帯びている．［このことはすべて］火を使って余分な**水**質の湿気を蒸発させて抽出し，その中の脂質の油性を全部焼き尽くして，またその中の**硫黄**質の**土**性は昇華させて純化して，抽出した蒸気を容器に入れて混ぜ合わせ，**土**質の蒸気を活動的な湿気とともに十分に堅固な混合物に凝結させるという操作を行うと，湿気が黄色に変わり，金の光沢を帯びた色になるという作業が，賢明なる人々によって時たま実行されるという［事実］と調和的である．後で説明するが，この技術の方法は，自然のそれに似せたものである．

それにもかかわらず，これが正しいとしても「深部において」鉛は金であるという理由にはならない．なぜならば，仮にこのようにして鉛から輝き出たのが金だと認めても，すでにわれわれは，このような変換は鉛を完全に壊してしまうことを知っている．そのため，固有の形相は鉛のものであって，金の固有の形相が同時に一つの物質の中に存在することは決してない．もし鉛からできたものが金でないことが証明されれば，このことはより正しいと分かるだろう．多分それは金に似たものであっても，［本物の］金ではないだろう．なぜならば，技術だけでは本質的な形相を付与することはできないからである．

いっぽう，すでに述べたように，全部［の過程］を遂行できる錬金術師はほと

んど，またはまったくいない．実際には，彼は金色のエリキサを使って金の色を，白のエリキサで銀の色を出しているのであって，あたかも生気が薬の質料に注入されるように，その色が火の中でも変わることなく保たれて，金属の全体に染み渡るように努めているだけである．この種の操作によって，金属の物質は変化しないままで黄色に着色される．これでまた，それぞれの金属には他にいくつもの金属の形相がないことがはっきりした．

これと，他のこれとよく似たような議論をもって，どの金属の形相も他の金属の中にあると言う論者への反論とする．

第9章　錬金術師の言うように，金属の一つの形相は他の形相に変換するのか

これまで述べたすべてのことに基づいて，アリストテレスに帰せられてはいるが，実際にはアヴィセンナによる陳述の信憑性を検討することができる．すなわち，「金属の一つの形相を他の形相に変換することは不可能で，赤色［の金属］を黄色に着色して金らしく見せるとか，銀のようになるまで白くするとか，よく似たものができるだけだということを，錬金術の実践家に分からせよう」ということや，金や彼らの望むもの何でもに関する陳述について［検討する］．それ以外では，「金属の間にある固有の差を，ある種の優れた方法で除去できるということについて，私［アヴィセンナ］はそれが可能だとは思わない．しかし，偶有性を取り去ることやそれらの間の段差をなくすことは不可能ではない」ということであり，これはアヴィセンナの見解であって，自然・数理科学において卓越した学者であったハーゼンに対して表明したことである．

アヴィセンナは『錬金術』の中で，金属の変換を否定した説の紹介とその可能性を述べている

しかし，アヴィセンナは『錬金術［についてハーゼンに宛てた書簡］』の中で，錬金術［の書物］で金属の変換を否定している人たちの［取るに足らない］反論を見つけたと言っている．また彼らは，錬金術の本の中で金属の変換を否定しているとも言っている．そこで彼は，自分の考えを付け加えて「［金属の］固有の形相は，それをまず始源物質に還元しない限り，変換できないだろう」と言い，さらにその「始源とは」，すべての［金属の］「未だ何とは決まっていない」

材料のことで，技術の援助があれば，彼らの欲するところの［金属の］固有の形相になるだろうと言っている．

　しかしまた，熟練した錬金術師は，練達の医師のするように，ことを進めるものだと言わねばならない．というのは，練達の医師は，健康こそが考えている最終目標であるから，健康を害している腐敗した，あるいは腐敗し易い物質を，清浄療法で追い出す．生命力を強化するためには，本来の健康状態を取り戻せるように，自然の力を方向づけて援助してやる．このようにして，健康は動力因としての自然によって，また手段や道具としての技術によって養われるに相違ない．熟練した錬金術師は，金属を変換するのにも，これとまったく同じ方法で進めているということである．最初に彼らは——後で分かるが——金属の中に存在する**水銀**と**硫黄**の質料を完全に浄化する．清浄になったら，彼らがつくろうと思う金属中の混合の比に応じて，質料の中にある元素の力と天の力を強化する．すでに述べたように，この場合に仕事を執り行うのは自然自身であって，技術はその進行を助け促進する単なる道具としてはたらくだけである．このようにして，彼らは本物の金や銀をつくり出すようである＊．

　元素や天の力が自然の容器でつくるものは何でも，人工の容器が自然のそれに似せてつくられていれば，その中でもできる．また，自然が太陽と星々の熱で生み出すものは何であれ，火力が金属の中の自発的な形成力よりも強くならないように調節されるならば，火の熱を使った技術でも生み出せる．というのは，天の力が初めからその中に混入していて，それが技術の助けを借りてある一つの結果やその他の結果に向かうように仕向けられるのであろう．天の力は広範にあり，その効力は混合物の中で——それが何であっても——作用するものの力で決まってしまう．これがあらゆるもの——とりわけ腐敗によって生み出されるものの創造——に作用する天の力のはたらき方である．これには，質料にとって適した何かを生み出そうとする力に，星の力が影響を与えるのが認められる．錬金術もこのやり方で進めて，一つの物質からその固有の形相を除去・破壊して，質料の中

　＊　［原注］これから，優れた技術で一つの金属を他の金属に変換したのを否定したエギデスの推論が解決される．

にあるものを助けて，他の物質に固有の形相をつくり出す．これが錬金術のすべての操作において，自然と同じやり方で始めるのが最良の方法であることの理由である．例えば，煮沸と昇華によって**硫黄**を浄化し，**水銀**も浄化して，それらを金属の質料と完全に混ぜることによる結果として，それらの力のはたらきであらゆる金属の固有の形相が導き出される．

しかし，元の金属に固有な形相を不変のままにしておいて，金属を白は白，黄色は黄色に着色する者は，本物の金を造っているのではなく，いかさま師に過ぎない．完全にであっても，その一部であっても，彼ら [錬金術師] のほとんどが，このやり方を採っている．このために，私は，錬金術で造られた金を——同様に銀も——所有しており，これらを試したことがあった．6～7回火にかけても持ちこたえたが，さらに一気に火にかけると，消滅するか金糞になってしまった[4]．

以上のすべてによって，金属の一般的な性質と固有の形相についての説明を終る．

第10章　金属の産する場所

金属の形成された場所について，若干のことを付け加える．というのは，すでに述べた石の場合と同様に，金属においても場所は大きな影響力をもっている．

いくつかの国で，川砂の中から純金が産するのを見たが，我が国のライン川とエルベ川においても産する．また我が国とシレジアでは，金は石の中で2つの産状を示す．まず一つ目は，金が石全体にわたって含まれており，その石は透明ではなく，金色のマーチャシータのようなトパシオンの性質を示している．[金は] 石を焙焼してから，大きくてとても硬い火打石でつくった臼で挽いて，強力に燃える火の中で焼いてから取り出す．石の中の全体にわたって含まれているのではなく，石の全体またはその一部を貫く脈として産する石から産出する金もある．これは，石から掘り出して，火で精錬する．

銀には4つの産状がある．他の国では，さらに違った産状もあるようである．4つの産状はドイツで知られている．石に含まれる金と同様に，石全体にわたって含まれており，焙焼，粉砕と火とによって分離されるのを，私自身で見たことがある．石物質の全体にわたって広がる脈として銀が産するのを見たことも

ある．これは多少なりともより純粋で，わずかに石質の石灰が混じっている．土の中の脈として産するものもあり，これは石の中のどれと比べてもより純粋である．フライベルク[5]——これは「自由鉱山」を意味するが——と呼ばれるところで，しばしば「堅い粥」のように軟らかな状態で産する．これは銀としては最高で，最も純粋なものである．ほとんど金糞が残らず，あたかも自然の作業によって純粋にされたかのようである．

鉄もまた石に含まれて産するが，水分を含んだツブツブの粒子状でも見つかる．これは金糞を多量に含み，高熱で精製される．高熱は，土や石の奥深くにくっついていると思われる物質を蒸留してしぼり出す．

銅もまた，石の中の脈から産する．その中で，ゴスラー[6]と呼ばれる場所のものが，最も純粋で最上のものであり，石物質の全体にわたって含まれている．そのために石全体が金色のマーチャシータのようである．また，深いところのものほどより純粋で，品位が高い．

鉛と錫は石に含まれて，水銀も同じ場所から滴り出る．

石を火にかけると硫黄が滲み出すが，銅を含むものでは，ゴスラーに産するものが，特にそれが著しい．

自然学者は，これらすべての原因を理解しようと努めてきた．石の科学のところで述べたように，[自然は]星々の光線によってそこに注ぎ込まれた天の性質に従って，その場所に位置しているものを産する．そのため，プトレマイオスの言うように，[地球は]全天球の見えない中心に位置しているために，元素がすべての星の光を多量に受け取るところは，地球を措いて他にはない．すべての集中するところでは光線の力が最も強いため，地球は多くのすばらしいものを産する．

形成されたすべてのものの原因を知るためには，上に述べたように，本物の金属は湿気の自然の昇華と**土**以外では生み出されないことを理解しなければならない．そのため，**土質**と**水質**の物質が最初に混じったようなところでは，不純なものが純粋なものよりも多く混じっているが，不純なものは金属の形成には何の役にも立たない．そのような混合物を含む穴から立ち昇る蒸気の力が，[周囲の]石や土の性質に応じて大小，また多少の空隙をあける．この空隙の中で，立ち昇る

蒸気や発散気は長時間にわたって行き渡り，その後に濃集して，反射する．それは混合物のより精妙な部分を含むために，その通路で固まり，空隙中で発散気として混じり合い，発散気と同じ種類の金属に変換される．

この証拠として，そのような脈では［外側は］曇っていて低品位であることや，金属が石の全体に含まれていれば，その上部は金糞ばかりで役に立たず，内部はより良質で高品位なことが挙げられる．この原因は，火を点けられた質料の一部が燃えて，炎がより高く立ち上がり，焼かれて一種の金糞や灰のようになったためである．そのために，これはよく乾いていて，くずれ易くまた脆い状態で産する．しかし，石の穴に濃集したものは，完全に混じり合っている上に焼かれておらず，弱くゆっくりと熱せられた後で土の冷たさにより固まった．

周囲の場が緻密で多孔質でないと，発散気はその力に応じて，一つ，2つ，またはそれ以上の通路をあける．またその場の軟らかさに応じて，発散気はそこに通路をあけるか，あけないかは別にして，それを満たし，金属に変換される．それは強力な貫通力をもっているわけである．

この証拠としては，熱い金属を土の上に注ぐと，土をいろいろなやり方で貫く

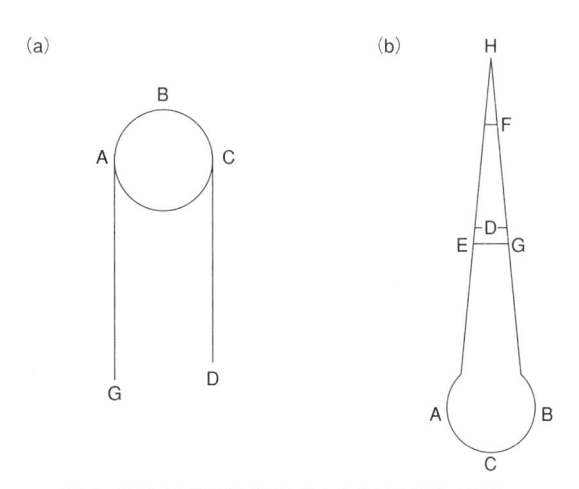

図1 地下で金属の形成されることを示す実験の図解
この図は，Borgnet 編集の全集版にはなく，ワイコフの英訳版[23]の p. 184 に，Bodleian Library, Oxford の手写本（Ashmole 1471 fol. 33 v）からの写真版が掲載されている．ここに示した図はそれをトレースしたものである．

ことがある．これは図1(a) に示した容器で，金属が入る最初の場所は円ABCのところで，発散気から出る金属で満たされた脈は線CD，または線AGであり，同様に他の多くの線に沿って［脈が］できる．

しかし，周囲のすべての物質が微細な空隙に満ちていると，質料はまわりの物体をつくるすべての物質中に発散していき，それを満たす．それがすべての空隙に濃集して，金属に転換されて固まる．そこで周囲の土全体が金属のような色に変わり，金属は周囲の石や物質に包有されて形成される．とりわけ金属が山や川で生じる場合に［このことが見られるのは］，これらの場所がより発散気に満ちており，立ち昇る発散気が濃集するのがより活発なためである．もし場が開放的であれば，すべての質料は散逸して，それからは何ものも形成されない．

しかし，大小さまざまな粒として砂の中に産する金は，熱くて大変精妙な発散気が砂物質の内部に濃集して，分解された後で固まって金となった．砂質のところは大変に熱く，乾いているが，水が空隙を閉じ込めて［発散気は］逃げ出せないので，それ自身で集まって，金に変換される．そのために，この種の金は品質が良い．これには2つの理由があって，一つは，**硫黄**を浄化するのに最良の方法は，繰り返し洗浄することであり，**水質**の場所では**硫黄**は繰り返し洗浄され，純化されており，また同様に**土質**の**水銀**もしばしば洗浄され，純化されてより精妙になっていることである．もう一つの理由は，堤に沿って流水の下の空隙は閉じられているために，そこで拡散した発散気は十分に圧搾されて濃密になっており，高貴な金の物質に分解されて，金として固まることである．

上に述べたような場所が整えられなければならないという証拠は，自然の最良の模倣者である練達の錬金術師の操作を見れば分かる．彼らが，金の色や色合いを帯びたエリキサをつくろうとするときに，十分に純化された硫黄と水銀物質や，彼らがその中に込めようとする他の物を入れるのに足る十分に大きな低い容器を最初に用意する．次いで，この容器の上に長くて細い首のついた容器［アルテル］を置くようにする．この首の口に粘土の覆いをつけるが，それには小さな細い穴が開いている．次いで，彼らは「埋葬」する．すなわち，下の容器の底を「馬糞釜」と呼ばれる灰か獣糞［の平鍋］——特に馬糞製のものが良い——に入れて，非常にゆっくりと加熱する．優れた職人［錬金術師］は，この容器をガラスでつく

るが，最初の容器は小便器のような性格のもので，その上にある二番目の容器が，それから立ち昇る蒸気を受ける．2つのガラス器か容器の接続部は封塗料でよく密閉して，何も逃げ出さないようにする．それで，受けた蒸気をその長く，徐々に細くなっている首の方へ導くようにする．そこで蒸気は濃縮され，圧縮され始める．蒸気から燃え尽きるものは，首の先端の覆いに開けた細い穴を通して煤のように舞い上がる．それゆえ，それ自身で濃縮し，圧縮するので，黄色い物質に転換し，後にそれは回収される．この物質は，どのような金属でも望みのままに金色に，またもしそれが高貴なエリキサであれば，より美しい色にさえ着色する．作成者は，それ［エリキサの生成］に失敗することはない．容器の図解（図1(b)）はこの［図の］ようであり，下の容器はABCDで，上の容器はEFGで，覆いはHである．

　自然においても同様であろう．それゆえに，金属のほとんどすべてが脈や空隙に拡散して生じていることがはっきりと分かり，それらは発散気が濃縮して，圧縮される場である首のようなものである．しかし，石はすべての側面をしっかりと囲まれているので，その［金属の］生成は石物質や石でできたところの方が容易である．

　以上が，金属の産する場所についての説明である．なぜ場合によっては金属が軟らかな状態で産するのかは，ここよりも後に説明する方が適当であろう．これをもって，金属の実体因の解説を終る．

論考 II
金属の偶有性

第1章　金属の固化と液化

　金属に自発的に生じるあらゆる偶有性，すなわち融解性，展性，その色，味，におい，火で燃え尽きるかどうかや，その他の自発的に発現する性質について，注目すべきである．

　金属の融解性は，他の液化する物質とはいささか異なっており，他の物質においては乾いた火でも，冷たい湿気でも液化して——ワックス，塩やその他の似たものに見られるように——液体になり，流動化してバラバラになって部分に分かれる．しかし，金属では湿気は乾性から分離せず，その中に溶け込むとあたかも土に飲み込まれたかのように，その内奥を動き回るように流動する．そのためヘルメスは，「金属の母は土であり，胎内にそれを宿す」と言っている．それが，融かした金属に触ってもくっつかず，湿りもしない理由であり，土の乾性がそれを湿らせくっつくのを妨げているからである．しかし，湿気は乾性がそのままでいることを許さない．お互いに相手に作用を及ぼし合う．しかし，金属はよく混じっていないと，どれ一つとして相手の中には含まれていないので，土の部分は火の中で燃え尽きて，湿気は蒸発して土性を凍結せずに，その蒸発を妨げる．そのような金属が燃えると，多量の［煙を］出して，**硫黄**の悪臭を発する．また土元素が燃えるために，金糞や金垢を生じる．もしその成分が非常に純粋で，完全に混じっていれば，湿気は十分に蒸発せずに，その中の土は燃えない．そのために，わずかしか煙を出さず，悪臭もなく，金のように金垢はほとんどできない．

　しかし，［金の］固化は，その融解よりも［他の物質と比較して］あまり大きな違いはない．というのは，固化は乾性の中ではたらく冷たさの圧力によって起こり，湿気が純粋で活動的であっても，不純で余分であっても，さらに十分または不十分な混合をしていても，同じように圧縮され，内部に隠されて，しっかりと保持される．そのため，［湿気は］乾いた土の中にパッチ状に入り込めない．

このことは，金属にとっても同じで，乾いた熱では液化せず，鉄のように軟らかくなるだけである．軟化は，湿気が溶け込むことによってだけ起こり，それを含む内奥の乾性の中だけで生じ始める．

しかし金属は，アリストテレスが呼ぶように，錫のように「吃った」混合物であるために，液化するほどより乾いて脆くなる*．それは，湿った部分が散逸してしまい，残ったものは乾いて，いっしょになって積み重なっていることができないためである．「吃る」混合物とは，混合がある部分では適正な比をなしているが，他の部分ではそうはなっていないもので，本当の意味での結合がほとんどないものである．あたかも吃る人が，ある語は言えても，他の語は言えないようなものである．そのような金属は，完全には混合していないので，液化するときに簡単に蒸発してしまう．それは，部分が緩くくっつき合っているため，部分がそれぞれ勝手に動くためである．そのため，乾性に火の点くことを湿気が妨げないし，また乾性が湿気を保持して，散逸して蒸発するのを妨げない．

上に述べたことの証拠として，固体の鉛や錫はしばらく放置しておくと，外側が鱗状で灰色になり，もっと時間が経つと黒くなってしまう．これは，次の2つのことに起因しているのは間違いない．一つは，湿気が冷たさによって強制的に内側に押し込められると，外側に土質と乾性を残して，それが灰色になる．二つ目は，外側にある湿気の少量が，周囲の気の熱によって蒸発して，これもまた表面に色づいた灰色の土を残すことになる．

これはまた，端が互いにくっつくのを妨げているところの乾いた土を取り除くように，あらかじめその硬い表面を削っておかない限り，鉛の2つの破片を，その端を白熱した鉄［をくっつけて］で融かしても，2つがくっつかない理由である．なぜならば，一つのものが他のものとくっつくのは，湿気の力が一つのものから相手のものに流れることで起こるのであって，留まったままの乾性の力によるものではないからである．しかし，削った後で石鹸や油質か脂質のもので擦らないと，互いにくっつくことはない．これは，しばしば指摘されるように，鉛中の水銀が油質の湿気を帯びているからで，それと共通した性質の何かがない限り

＊　［原注］アリストテレス『生成消滅論』第Ⅰ巻の最後の文章を参照せよ．

は，表面でくっつかないためである．しかし，銅と鉄はくっつき，中でも融けた銀が，金属をくっつけることにおいて最も優れている．この理由は，これらの金属の**水銀**は良質で，精妙で，かつ純粋であり，その粘性の湿気でものをくっつけるからである．このようになるのは，性質が関係しており，何か共通の性質をもっているものは，結合するものの中に侵入して，たちまちのうちにそれをしっかりと固定してしまうためである．

以上が，金属の液化と固化に関する説明である．『気象学』の中で，融解物の一般的な性質についてはすでに論じた．

第2章　金属の展性

金属は展性をもつ唯一のもので，他のものよりはるかに高い展性を示す．展性の原因は，上に述べたように，乾性の中に閉じ込められてはいるが，完全にはくっついていない湿気にある．そこで，一度湿気が冷やされて，その結合が切られて解放されると，あたかも鉄や石が水銀に浮くように，**土**はその中で浮き上がり，金属湿気の沸騰作用と濃密さのために沈まない．金属を叩くと［湿気は］その周囲に広がり，連続性を失わずに引き展ばされる．しかし，この点に関しては金属によって，その挙動が大きく異なる．金は最も展性が高く，次いで銀で，さらに非常に純粋な銅が続き，そして鉄で，鉛と錫はもっと劣る．

金は著しく引き展ばすことができて，薄い箔ができる．絹といっしょに張ったり，絵の上に張ったりすることができる．金の上に銀を6:1で重ねると，もっと引き展ばせる．例えば，4マルクの銀の上に，その6分の1か，もっと少ない金を置くと，銀の大きさと同じくらいに引き展ばせる．銀の上で，この金は色としてしか見えなくなる．この薄い箔を融かすと，それは金には見えず，まったくの銀である．しかし，金を銀ではなく金の上で叩いても，これほどには展びない．それは槌の打撃で［金に］穴が開いてしまうので，銀を上に置くのは，それが打撃から保護する役目を果たしてくれるためである．この原因は，乾性を吸収するのは精妙な湿気であることが確かなことにある．なぜならば，湿気は周囲の部分部分から分離して供給されるのではなく，その部分とともに供給されて，［金属は］連続性を失わずに展びる．そしてどんどん広がっていく．しかし，金属のあ

るものはあまり展性を示さない．それは2つの理由のどちらかで起こる．一つには，それらの湿気があまりに粗雑で不純なため，膨張することができない．他の一つは，その金属が「吃った」混合物であるため，引っ張るとある部分が隣の部分から分離して，槌の打撃で引き離されてしまうからである．

このことから，錬金術師が操作で間違ったことをしていることがあると証明できる．彼らが，エリキサというものを合成するときに，水銀と黄色か白色の物質を多量に混ぜると，金属中の湿気に乾性が入り込むが，それはしっかりと結合せず，完全には混合していない．それに，錬金術師が――前に述べたようにうまく自然をまねて――自然のなすことを完全に遂行して金属を造らないと，彼らの造った金属は槌で叩くと，簡単に壊れてしまう．金属の混じった場合，例えば錫と銅とか，その他のどれでも，それらは「吃った」混合物であるために，展性がなくなり，槌で叩くと壊れてしまう．なぜかというと，それらは本当には混じっておらず，ただいっしょになっているだけで，一つが他の一つに色を着けるために入っているだけだからである．

以上が，展性の原因についての説明である．

第3章 金属の色

金属の色に関する結論を得るのは難しくない．なぜならば，金属の中には3色が多かれ少なかれ認められるからである．これらの一つはすべてに共通しており，これは色づいた物体の中に閉じ込められた光のように，輝く光沢である．二番目は白であり，それは多少ともいく種類かの金属に含まれている．最も白いのが銀，次いで錫，三番目が鉛，最後が鉄である．三番目の色が黄色か赤色で，金はこの色を最高に帯びたもので，これに次ぐのが銅であるが，これは黒褐色を帯びる傾向がある．

ここでは，色は限られた透明性の境界であるという，『感覚論』で証明したことを仮定とする．したがって，濃縮した透明性が清明で純粋ないかなる物体にも，色とともに光沢が含まれている．あたかも可能態が現実態を受け取るように，密度は限度を決められた光を保持するので，透明性は濃縮すると輝き，光沢をもつようになる．したがって，輝く光沢はすべての金属に共通である．なぜかと言え

ば，精妙な**水**物質は，境界で限られており，その中に濃縮しているからである．どの金属でも，その含む**水**がより精妙で，純粋で，密であれば，磨いたときにより光輝くであろう．磨かないと，一部分が他の部分に影をつけて，多少とも輝くのを妨げる．この理由によって，金はすべての［金属の］中で最も輝かしい光沢を示し，次いで銀がそうである．いっぽう鉄は，極めて純粋にしたら——錬金術師の言うように——銀をいくらか含み，またはそれにとても近いので，磨くと鏡のように光る．

　鏡の作用は，固化していてよく磨くことができる湿気によって生じる．鏡は湿っているために像を受け取り，また固体であるために，それをつかまえて保持する．しかし，湿気がそれに含まれず，境界で限られていなければ，このようにして像を保持することはできない．これが，**気**が像を受け取ったとしても，保持しない理由である．なぜならば，**気**は精気［すなわち，蒸気または気体］として存在して，精気のやり方でものを受け取っているし，境界ももたない．その結果，像を再現するために必要な次のこと，すなわち，一つの場所に形として投影すること，ができない．**気**はその中を像が伝播する媒体としてのみはたらき，それを存在させるための境界を限るはたらきをしない．

　金属の白色は，清明で，精妙で，十分にこなれた**土性**が結合した湿気によって生じる．それは生石灰の見かけのように極めて白い．これはほとんどすべての金属に存在する．しかし，汚れて不純な**土性**か，焼けた土を含むと金属は必ず粘土のような灰色や，焼けた土のように黒くなって，まるで煤のように見える．鉛は，その**土性**が焼けていないか，または汚れていて，常に灰色になる傾向がある．錫は，それがあまり汚れていないので，鉛ほどには灰色ではない．銀は，その**土性**が清らかで，よくこなれているために，常に白く輝く．しかし，鉄はその**土性**が焼かれているので，煤のように黒い．

　同じ理由から，鉄は錆びる．この原因はひとえに焼けた**土**を含むからで，湿気でものが腐敗するように，鉄に錆(さび)が出る．湿気が除去されると，残ったものは，焦げて，乾いて，焼けたものであり，灰となる．この証拠として，燃えている何か，例えば塩，硫黄，雄黄やその類のものを鉄の上に投げつけると，特別に錆び易くなる．しかし，銀は錆びずに藍色に変わる．それは，銀の中の高い透明性が，

美しい藍色のサファイヤブルーを生み出すからである．この理由で，錬金術の指導者であり父でもあるヘルメスは，銀の薄い板にアモンの塩[1]と酢をいっしょに塗って，一種の容器であるランビキの上に吊り下げた場合，銀の板は藍色になる[2]と言っている．その板を硫黄とともに粉末状の灰にして，酢とツェルフという薬草とかき混ぜると，藍色は醗酵して，より完全なものになるという．

銀の中の湿気と**土質**は，金の中のものより純化されておらず，混合されていないので，金が燃やすことのできない多くのものを，銀が燃やせるというのは本当である．そのため，沸騰しているか，または非常に熱い硫黄を銀の上に振りかけると，その中の**土性**が焼けるために黒くなる．銀は塩と酒石で煮ると，たちまち純粋で白くなるが，この理由は侵入した物質が**土性**を攻撃して，焼けた部分を分離させるからであろう．残った部分は，より純粋なために一層白くなる．

金属の黄色は**硫黄**によって生じ，それが着色する．尿検や錬金術の操作で見られるように，熱は**土性**と混じった湿気を激しく煮詰めて，黄色や赤っぽい色に変える．それは，熱で強力に分解された赤や赤っぽい木灰汁，黄色胆汁，または蜂蜜や胆汁のようなものである．そこでもし，**土質**と**水質**の物質がともに極めて純粋であれば，その熱はそれらを焼き尽くして分離することができず，分解だけして，色を輝かしい黄色に変えるだけである．これが金の色の原因である．そのため，金は硫黄を振りかけても燃えることはない．

もし**土性**が不純でよく混じり合っていないと，分解し混合する熱がそれを燃やして，黄色になる．しばらくすると，銅と同じようにそれは煤のように黒くなる．これが，古代の銅製の像や壺が黒ずんでいる理由である．硫黄を熱い銅の上に振りかけると，すでに述べたように，その中に含まれる一度燃えた**土性**が，湿気と十分に混合しておらずに，まだ焼けるために激しく燃える．

これをもって，金属の色の説明は終わりとする．

第4章　金属の味とにおい

金属の味とにおいは，一括して論じなければならない．なぜならば，においは味の結果の一つであるからである．すべての金属は，それらの含む**硫黄物質**のために，その味にはある種の「きつさ」があるというのは，一般的には正しい．鉛

や錫はこれには当てはまらないが，鉛や錫製の管の中を長時間にわたって流れたり，留まっていた水は口の中や内臓を刺激する．特に銅は燃えた物質を含み，鉄もある程度はそれを含むので大変に熱く，銅や鉄は疑いもなく味がきつい．これがまた，それらのにおいがきつい原因でもある．

<small>金属の味とにおいの悪さは硫黄に原因があることの注</small>　さらに，金属の味とにおいはいずれも良くない．なぜならば，すでに述べたように，その中には同じ硫黄物質が入っているからである．その硫黄の悪さに応じて，その程度は異なっている．それで，金はごくわずかしか悪臭がしない．硫黄が精妙で，しっかりと結合するのに十分な程度に油質で，後に見るように完全に混じっているために，それはまったくのところ悪性ではないからである．さらに，それは均一に結合しており，緻密であるために，ほとんど蒸気を出さない．それと同じ理由で，わずかににおいを出すか，またはまったく出さないかである．しかし，銀は燃えた，または燃える可能性のある土を現実に含むために，より多量の蒸気を出し，金よりもにおいがきついが，銅よりは弱い．銅に比べると，銀は甘いにおいがするが，わずかに硫黄の風味がある．金はもっと甘く，ものの味をほんの少しか，ほとんど感知できない程度にしか変えない．しかし，鉄［の味とにおい］は土質でこそないが，硫黄の風味がある．鉛や錫のそれがひどく甘ったるいのは，より多くの水を含むためである．

　しかし，金属を融かすと，味は一層においに依存するように見える．というのは，味は結合した成分よりも，結合そのものの結果であって，ときには成分の結合の仕方によって，まったく違った味になるからである．それゆえ，このことから，金属の蒸気や成分はそのにおいや味からはまったく判断できない．

　あらゆる金属の中で，銅が蒸気を出すことにおいて最も活発で，次いで鉄である．このために，これらの金属はその鉱石と接している水の味を完全にダメにしてしまう．銅を多量に含む土の中から流れ出す水は，とても苦くて，むかつくようなにおいがする．ゴスラーでは，水は苦くて生き物はまったく生息できない．この証拠として，ワインや水以外の液体を真鍮の容器に注ぐと，それらはすぐにダメになり，とても飲めるどころか，むかつくような味がする．しかし，水は味が変わるほどにはすぐに悪くならないのは，水の冷たさが蒸気の出るのを妨げて

いるためである．もし水が，特に地下の深いようなところに長時間留まっていると，熱がこもり，それが鉱石から蒸気を絶え間なく発散させて，味もにおいも悪くなる．

あらゆる種類の石と比べて，金属には特有の味とにおいがある．ある種の石は，蒸気やにおいを発散するが，これらは本当の石ではなくて，石についての巻[p.33 第Ⅱ巻参照]で述べたように，カカブレやガガーテスのような「しずく」やガムのようなものである．しかし，まったく同様にして金属には特有の悪い味やにおいがあり，ある種の金属は他の金属に比べて甘いとか，その他のにおいがするとかである．

これらのにおいや蒸気は極めて乾いている．そのために，水眼の治療に使われるが，胸には悪い．この証拠として，鉱夫は坑道に入るときに，口や鼻を二重か三重の布で被い，蒸気によって呼吸がひどく困難にならないようにする．すでに述べたように，呼吸が最もひどくやられるところである．

これをもって，金属の味とにおいの説明とする．

第5章　金属は燃え尽きるか燃え尽きないか

金属の偶有性の中で，その物質を最も顕著に表すことは，燃えるか燃え尽きるかである．この原因と，金属の性質にどのような違いがあるかに関して知らなければならない．このやり方では**水**は燃え尽きる物質ではなく，［燃え尽きるのは］**土**質の物質と混合した極めて油質の物質の一種であることが知られている．**硫黄**は極めて油質で，かつ**土**質であり，**水銀**は大変精妙な**土**性を帯びた**水**質であることも知られている．

このため，金属の可燃性は**硫黄**に原因があり，**水銀**それ自身にはないことが分かる．さらに，**土**性と混合した極めて油質の湿気を含むものには，いずれも3種類の種類の湿気があることも知られている．この中の一つは極めて**気**質で**火**質であって，これらの元素［**気**と**火**］の上昇運動の結果として，表面にくっつく．そのために，それらは常に混合や結合をするものの中から，その表面に出てくる．二番目はこのすぐ下にあり，ものの部分の間を漂っている**水**性をより多く含む．そのために，ものが全体として壊されない限りは，これは結合から簡単に分離し

ない唯一の湿気である．それゆえに，これが**硫黄**の性質に他ならない．

　これらの理由から，より熟練した錬金術師は，初めの2種類の湿気を硫黄から除去するのに，酢，醱酵乳，山羊乳のヨーグルト，ヒヨコマメの水や少年の尿などの浸透性がある液を使うことを推奨する．ランビキで何回も蒸発と昇華を繰り返して，分離することができる．これらはいずれも耐火性のないことは明らかで，火で燃やし尽くせるために，金属の物質を消滅させる．そのために，これはこの目的に役立たないばかりか，有害ですらある．二番目は大変に揮発性があり，火によって蒸発する．そのために，これも錬金術師の意図する目的に役立たない．しかし，三番目は深く根を張ったままで，内在的であるために，この目的に適う．

　金属の他の要素である**水銀**についても，同様な考察を加えなければならない．これが純粋であって，その**土質**の物質が十分に洗浄されて精妙であり，**水質**の湿気と混じり合って強固に結合していて，同様にまたその**水質**の湿気が多過ぎず，少な過ぎずに，その中の**土**との結合に的確に見合ったものであれば——すでに度々述べたように——それぞれが互いに相手を火から護る．それで，**土質**は湿気をしっかりと結びつけて，それを蒸発させず，湿気は**土性**を冷やして火が点かないようにする．しかし，**土性**が汚れているとか，それが湿気に対して多過ぎたり，少な過ぎたり，または見合うだけの適切な量があっても，十分に混合されていないと，火が点いて燃え尽きてしまい，金属物質も燃やしてしまうことになる．同様にして，湿気が金属に結合するのに，その仕方がこなれていないで，十分に結びついていないとか，それがまた多過ぎたり，少な過ぎたりすると，必ず蒸発して消えてなくなってしまい，金属物質は乾いて後に残り，容易に消滅してしまう．これらのすべてのことから，金属の燃え尽きる可能性について考えなければならない．ある種の金属は，これらの中の一つでもあれば燃え尽きて，いくつもあれば，さらによくそのようになる．

　そのために，金は純粋で，その成分である**硫黄**と**水銀**の状態が大変に優れているために良質であって，ほとんど消滅しない．他の金属を消滅させるもの——例えば，塩，煉瓦の粉，硫黄，砒素やその類のもの——でも，金を消滅させずに，純化させるだけである．銀は，その**硫黄**が**水性**をわずかに帯びており，**水銀**につ

いても同様であるために，金に比べて劣っている．そのために，**水性**が蒸発すると，銀はまず黒くなり始め，やがて硫黄や砒素，その他すでに触れたものや錬金術師の使う多くのものなどの可燃物によって燃えてしまう．

銅は，**水銀**の**水性**にしっかりと結びついた**硫黄**をもたず，またあまりにも多くの**土性**をもつために，著しく焼けてしまっている．その結果，燃えるとごく簡単に消滅してしまう．私自身，銅山［アカガネ山］で緑の樹木の破片を，銅鉱石に立てかけておくと，銅鉱石から染み出した多くの**硫黄**と脂肪分が，たちまちのうちに消滅してしまったのを見たことがある．鉄も，**土性**が主体であって，火が点いて赤い色を出して燃える．錫と鉛は，その**水銀**が粘土質の脂ぎった物質で浄化されておらず，またあまりに**水質**であるために，**水質**の部分が火で蒸発して，粘土質で油質の物質は燃える．

以上が，金属が火で消滅するか，またはしないかの説明である．

第6章　金属が互いに循環して形成されること

さらに付け加えて述べるべきことは，すべての金属に共通した唯一のこと，すなわちそれらの質料が互いに密接に関係していることである．『生成消滅論』において明らかにされたことから，物体でその質料に共通した性質，効力や可能性をもつものは，一つのものが他のものに容易に変換できる．このことから，元素の生成が循環的であるように，金属の生成も相互に循環的であると多くの学者は考えるが，［その最初は］その父とも言うべきヘルメス・トリスメギストスであり，彼は哲学者の教祖とも目されている．このことは，私にとってまったく正しいことのように思われる．

物体の間で，その性質が互いに最も似ていても，最もかけ離れていても，それほどには大きく隔っていない．前の章ですでに見たように，それらの間の差異は質料の2つの性質，すなわち十分に純化され，こなれているか，または不純でこなれていないか，の側面に由来する．もしこなれた自然力が卓越すれば，不純でこなれていないあらゆるものも，純化されてこなれるであろう．他方，こなれたものすべてに，完全に調製されていないとか，またはこなれていないとかの質料が混入している場合には，それを固化する熱が十分でないなどの不都合が生じる

ことがある．それゆえに，元素に最も近い質料は，互いに変換されて，[元素の]変換が起こるので，金属も互いに変換できる．このために金属の生成は，一つから他へと循環的に起こる．

　経験的に明らかなように，これは自然のはたらきによっても，技術によっても起こる．自然のはたらきに関しては，私はこの目で見て，次のことを知った．すなわち，一つの源から流れ出した脈が，一部では純金で，他の一部では石質の石灰と混じった銀であるということを．鉱夫や冶金技師が私に話したところでは，これは非常にしばしばあるそうである．そのため，彼らには金を見つけるのは非常に残念なことであり，[その理由は]金は源の近くにあって，すぐに脈が尽きてしまうことを示しているからである．私は注意深く観察して，鉱物が金に変換する「容器」[母岩]と，銀に変換するそれとは違っていることを知った．金を含む「容器」は大変に硬い石――鋼鉄で叩くと火花の出るような種類の――で，その石そのものの中ではなく，それの空洞に純金を含み，石の部分と金の間にはほとんど焼けた土はない．石は裂けて開き，それほど硬くもない土質の黒い石を横切る銀脈につながる．この黒い石は，剥離性があり，家屋の建築材に使うスレートとして採掘する石の仲間である．このことから，鉱物質の母岩の同じ鉱物質の「容器」であるところから[金と銀の]両者が気化し，純度とこなれた程度の違いに応じて異なる種類の金属になったことが分かった．

　職人が経験的に学んだことは，上に述べた方法で錬金術師が自然に従って，一つの金属を他の金属の固有な形相に変換する操作と同じである．したがって，金属の相互循環的な生成は不可能ではない．元素と混合物との間の特別な位置にあることにおいて，金属は特異である．しかし，すべての相互循環的に生成されたもので，より多くの性質が共通しているものほど，変換は一層容易であると考えざるを得ない．これが，金が他のいかなる金属よりも簡単に銀からつくられる理由である．もし，色と重さだけを変換する必要があるのならば，それは簡単にできる．その物体がより密になれば，**水**が減少して重さが増すし，良質の黄色い**硫黄**が増えれば色が変わる．他の金属についても，まったく同じである．

　以上が，あらゆる金属に共通な能動的[偶有的]性質の説明である．

第 IV 巻

金属各論

DE METALLIS IN SPECIALI

単 一 論 考

第1章　それらの父と母である硫黄と水銀のように，金属に普遍的であろうこと

　いよいよ各金属を記載するところとなった．金属の本性や偶有性の原因を検討してから，ようやく各論に入れる．『自然学』の冒頭の部分で示したように，考察は一般的なことから個別の要素へと順を追って進める*．個々の金属について語る場合，金属に普遍的であると考えられる事項を最初に述べる．すなわち，錬金術書の著者が隠喩的に言うように，金属の父としての**硫黄**と母としての**水銀**についてであり，もっと正確を期せば，金属の組成で**硫黄**は男性の精液であり，**水銀**は女性の経液であって，両者が受精して胚を形成するようなことに相当する．

　硫黄の質料と起源については，すでに『気象学』で述べたように，乾いた熱で液化して，冷たさで固まることから，**水**を含むことは明らかである．しかし，それは脆く，粉に挽くことができるので，非常に乾いた**土**質の物質を含むことは間違いない．それは簡単に火が点き，粘っこく，油質で粘性の物質を含んでいる．

---

　*　［原注］『自然学』第 I 巻の註釈 4 を参照．

そのため，油質で，燃え易く，粘性で粘っこくなっている．また，その炎は煙っており，まるで墨の混じったサファイヤブルーのような色をしている．このことから，多分4つ，少なくとも3つの物質からなることが分かる．アヴィセンナが単純薬物についての本の中で書いているように，それは強力な透入性と吸引性をもっているので，湿った**水**質の物質も含んでいる．これは粉末になり，蒸発乾固できるので，**土**質の物質である．これらのすべての物質は豊富に含まれているので，内的および外的性質によってはっきりと区別できる．

しかし，前巻で述べたように，3種類の湿気があるはずで，その中の2つは外在的で，残りの一つは内在的である．これについては，ここで繰り返す必要はない．さらにもう一つの観察事実を付け加えねばならない．すなわち，そこから出る煙は，簡単に火が点き，燃え尽きてしまう**土**質の物質を含むことを示しており，また，それから発する悪臭は，それがごくわずかしか蒸解されておらず，はっきりとした境界をもっていないこと，強烈な熱で蒸解されているとか，熟成させられているどころか，それにより破壊されていることを示している．この未熟さが，すべての金属の普遍的な質料となることを可能にしている．しかし，もし特定のある完全な形相をとれば，他の物質に変換されることはない．その不完全性のゆえに，あたかも種子やそれから自然なものが何でも生まれるように，何にでも変換できる．それで，賢明なる自然は，金属が生成されるところはどこにでも，豊富に**硫黄**を存在させた．**硫黄**は熱いので，湿気に触れると直ちに活動を開始して，固化させてしまう．また，それは乾いているために，熱と乾性は鋭く，それ自身もまた鋭いのであろう．そのため，他から刻印を受けるよりも，物質にその刻印や形相を付与する力をもつのであろう．この点から，ヘルメス・トリスメギストスにより，それは父すなわち男性の精液の地位を与えられた．

しかし，熱く乾いたものは何でも，湿った冷たいものとくっついて一つの統合体をなし，植物で見られるように，それはどれでもそれ自身で受精させたり，させられたりできることから，男女と呼ばれる．しかし，**硫黄**は実際のところ，そのようなものではない．なぜかと言えば，そのものの中には何も生み出さず，自身以外のものの中，すなわち経液の中に何でも［子］をつくることができるという意味では父ではない．それが，**硫黄**が**水銀**にはたらきかけるやり方であるが，

それ自身の中にはまったく何も生まない．

　［硫黄の］色は黄色または白で，むしろ小麦の藁のような白っぽい藁の色をしている．この原因は熱にあり，熱は湿気に触れるとそれを黄色に変える．そのために，硫黄は地球の内部でこの［作用の］結果としてできたように思われる．**土性**があまり多くの**水性**と混じり，それを焼く熱があると，あたかも動物の体内で食物が消化液と混ざり，泡立って表面で黄色胆汁に変化するように，硫黄は地球の内部で混じり合ったものの泡のようなものである．それが，硫黄が黄色で，乾いていて，熱い理由である．もしもそれが完全に熟成して，**土質**であれば，もっと淡い黄色になり，藁の白さに近くなる．

　硫黄は，「生きた」硫黄と「融けた」硫黄に分けられる．「生きた」硫黄は，地下から採り出されたばかりのようである．「生きた」ではなく「融けた」硫黄は，後に融解したものである．この両者の違いは，偶有性においてのみ認められる．またあるものは，その色が多分赤味か黒味を帯びていることがある．この原因は，その中で卓越した燃える熱にある．

　これで，硫黄の性質について説明したことにする．

第2章　水銀の性質

　すべての自然学者は，水銀は2つの主要な物質を含むことを認めている．度々言ったように，その一つは水であり，もう一つは土である．その物質はまったくの**水質**であると述べている錬金術の著者もいるが，**土質**の物質はわずかに**硫黄**を含む．彼らは，**水質**の物質は**硫黄**の熱で濃厚にされたと言っているが，それにもかかわらず，それ自身は**水**に他ならない．しかし，すでに『気象学』で明らかにしたように，それを**土**に変える冷たさ以外では，**水**はそれ自身では濃厚にならないことから，このことはあり得ない．それは熱によって煮沸・乾固されることはまったくない．さらに，自然学の原理によって，**水銀**は精妙な**土**を含むため，水のように触れたものにくっつくことがないのはよく知られている．それは強固に結合しているので，長い首のガラスの容器［アルテル；p.111 参照］で昇華しても，そのままで何の変化も起こらない．しかしながら，逃げ口がない限り，昇華を繰り返しても，乾いたり固くなったりすることはない．**水銀**は金属の質料にと

って，胚に対する経液のようなものである．**水銀**からそれを蒸解して燃やす**硫黄**のはたらきで，すべての金属が生み出される．それが固有の形相に変わり始めると，最初は塊になり，やがてゆっくりと固化して金属に変換する．

いく種類もの水銀があり，あるものは特有の鉱石から抽出された「生きた」ものであり，他のものは，金や銀が石から採れるように，その中に水銀を含む石を焼くことによって採れる．その鋭さのために，一種の毒であると言われている．第二級の冷たさと湿性があり，体力や神経を弱める．また，これは［建物の］隙間の埃からも生まれるシラミやその幼虫を殺す．

水銀を硫黄やアモンの塩と煆焼すると，輝く赤い粉になり，それをまた火で焼くと，黒くなり，湿った液体の物質になる．煆焼を行うアルテルと呼ばれる容器の首の部分に集積した物質は，アラバスターのような石質のものに換わる．さらに，それを火［の中］で焼くと，水銀に戻る．水銀そのものにおけるよりも［それが構成する］金属の中でもっと明瞭に現れるものの中には，異なる種類の水銀もある．それは，汚れているものか純粋なものか，または上に列挙したような種類のものである．

この物質において顕著なことは，それ自身で昇華しても，容器の底に粉末状の物質が何も残留しないことである．再び水銀に戻っても，重量は減少していない．これは，間違いなく**土質**と**水質**の物質が緊密に結合している結果である．粘性の湿気は**土性**をしっかりと保持して，蒸発するとそれをいっしょにアルテルの首まで連れていく．そこで集積して，その精気を同一の固有な形相に戻す．しかし，容器の底では固まらずに，色，重さ，味やにおいが変わる．それでも火の中では揮発性であって，金属と結合するときには，その中に取り込まれる．この点からヘルメスは，**硫黄**と同様にそれを精気と呼んだ．しかし，アヴィセンナはその白さは**水性**と精気として取り込まれて，混合物の中に存在する**気**といっしょに焼かれた精妙な**土**によると言っている．

上に述べたことから，水銀は天然であれ，人工であれ，切れのよい水に完全に溶けることから，金属を構成する物質以外の何ものでもないのは明らかである．溶けた後で他の物質と混じることができて，それに色を着ける．硫酸塩の力と蒸気で凝固して，さまざまな金属の硬さや固有の形相をもたらす．そのため乾性や

土性に飽和しており，堅固さがあって，それが混合した物質から火の中でも逃げ出すことはない．

これをもって，水銀の説明とする．

第3章　鉛の性質

　同様な方法で，鉛は他の金属に比べて**水銀**以外の質料をあまり含まないことが証明された．その点から，アリストテレスとアヴィセンナは，融けた鉛はまったくのところ水銀のように見えると言っている．そのため，鉛は組成の上では，その構成物質は**硫黄**に比べて**水銀**が多量に含まれていると信じられている．多分，実際には**硫黄**は物としては，鉛の成分として，わずかにしかないが，その質の多くを占めている．それ自身の熱で質料を融かし，鉛の固有の形相に変換する．あたかもわずかな量のレンネット剤のようなもので，それが大量の牛乳を凝固させるかのごとくである．

　鉛を造る**水銀**は高品質ではなくて，**水質**で不純である．**水性**は火で容易に蒸発して，鉛の粘土質物質が残ってできた灰のような**土質**の粉末が残る．それゆえ，すでに述べたように，鉛中の**硫黄**の力があって，**硫黄**の蒸気のように**水銀**を乾固させる．両者に同じものがある場合以外には，2つの物質が同じ方法で効果を生むことは不可能である．なぜ鉛が灰色をしているのかについては，すでに説明した．

射精に対する証拠の注　　　鉛の効力は冷たさと圧縮性にあり，性愛と射精に特別の効能があって，それで指2本入る環をつくり，腰に着けて，樟脳を塗ると効果的である．鉛で注意しないといけないのは，ものを締め付けるはたらきをする冷たさがあまりにも強過ぎるため，頭にまで達すると狂気や癲癇を引き起こすことがあり，また下肢の痙攣や不自由を引き起こすことである．以上が，鉛の構成と効力に関係する性質である．

ケルサで生じる場合のことに関する注　　　金属の変換について多くのことを明らかにしたヘルメスは，『錬金術』の中で，鉛の板をとても強い酢の入った容器の上に吊り下げると，酢の蒸気が常に鉛板に当たり，そこで凝結して鉛物質を破壊して，ケルサと呼ばれる白色の粉末に変えることを報告している[1]．しかし，

酢を同じ鉛板の上に注ぎかけると，それは白くなり，逆に酢の粉末は破壊される．その理由は明らかで，酢の物質は冷たさに関しては鈍いが，そのはたらきは活発なためである．それは，木の中の**火**が燃えて灰として残るように，それから出たある種の**火**が残るからである．この鋭さのために，鉛が分解するときに鉛物質に侵入して，その中の固結した**水銀**から出た渣を洗い流し，**水銀**をミレットの粒のようにして，板の表面に浮き出させる．それはより完全に純化されて，より白くなる．

さらにヘルメスは，鉛を，それを燃やす何か，特に硫黄や砒素といっしょに焼くと，暗色の朱の昇華物が生じると言っている．これは朱色であるが，火力がもっと高温か強力であると，黄色になる．さらに，この物質を酢と煆焼して，乾固するとケルサの白色に戻る．この変換は，すでに述べたように，これを構成する物質が本当に**硫黄**と**水銀**を含むことから起こる．硫黄は熱してから冷やすと赤くなる．この証拠は，鉛丹をつくるのに，硫黄を水銀といっしょに昇華することである．鉛はより不純であるために，もっと暗色になるが，火力が強力であれば，本来の不純さは失われ，色はより明るくなる．**硫黄**の方が**水銀**よりも長時間にわたって火に燃えるので，**土質**に由来する赤色は**硫黄**を燃やしてより淡色になり，依然として存在する**水銀**の白さに変えられる．その結果として黄色くなるが，その色は赤に侵入して，その赤色を変色させたようなものである．

それにもかかわらず，ヘルメスは次のことを信じている．すなわち，より強力な火力でもってこれらを強烈に焼くと，すべての**硫黄**物質は消失して，酢の力は蒸発して破壊される．上に述べた力によって，鉛の物質は最初のものに戻る．しかし，それは同じ重さでも純度でもなく，また同じ質でもない．

すでに指摘したように，鉛はより**水性**に富み，あまりよく混合していないという主張は排斥されねばならない．それは他の金属を精錬するときに，火から護る役目をする．例えば，銀と金は鉛で保護される．そのために，あまり熟知していない人々は，鉛は似たものを寄せ集め，異なるものを引き離す力があると言う．彼らの誤っているところは，鉛を金または銀といっしょに融かすと，銀は一ヶ所に集まり，もし石があれば他のところに，鉛はさらに他のところに集まる，ということである．この集合と分離を起こすのは，鉛ではなく**火**の熱に原因があるこ

とは，すでに『気象学』の第Ⅳ巻で明らかにしたところであり，彼らの考えは間違っている．鉛はそれ自身では，偶然による以外に銀を純化することはない．すでに述べたように，［銀を］純化するのは**火**それ自身の中の熱であり，それは純粋な物質を集合させ，不純な物質を離散させる．銀は湿で**火**は乾であるから，**火**の熱はそれらを結合させるもの，すなわち鉛がなければ，銀によって排除されてしまう．鉛は熱くなると，その湿気を用いて，銀を沸騰させ，蒸解させ，純化させるであろう．

鉛は，その物質が粘土質で湿っていて，部分が緊密に結合しているため，大変に重い．しかしながら鉛は，すでに示したように不完全な熱加工のために十分に蒸解されておらず，軟らかい．

第4章　錫の本性と性質

錫について説明すべきことは，鉛の場合と同様である．というのは，これらの金属は互いに密接な関係にある固有の形相をもち，錫がより白っぽく，より純粋である以外にはあまり大きな違いはないからである．この理由は，現代よりもむしろ昔の学者の説によって説明できる．それは，銀の**水銀**は鉛のそれよりも純粋で，また錫はごくわずかしか**硫黄**を含まないということである．さらに，混合物中にある**硫黄**の多量な実在物によってよりも，**硫黄**の力と蒸気によってその金属の固有の形相に熱加工されているためである．

それは大変に「吃った」組成をもっているが，その原因はある種の溶媒蒸気か，部分に分解できる鋭い水溶液のはたらきで**水銀**が完全に溶けているためである．しかし，私は，それは蒸気だと言いたい．すなわち，錫がその固有の形相を受け取った後に**水銀**が通り抜けたのは，**水銀**物質そのものに入った蒸気であって**水**ではないのである．そのような**水**性が，その中に一度できると，それほど粘っこくなく，それと結合した土質の部分を硬化させるので，よく混じらずにくっつき合わない．堅固で表面が硬くなったものは，何ものともよく混ざらず，近くにあるものを繋げるように結びつけることはできない．このことが，混合物が「吃る」原因だと考えざるを得ない．また，錫自身が「吃る」ので――ヘルメスの言うように――それと混じる金属も全部「吃る」ようにしてしまう．その結果，その金

属の展性は失われ，それを引き展ばすと，たちまちのうちに簡単に壊れてしまう．

この金属は鉛と同様に，その中に何も錆びるものがないので，破壊的物質に瞬間的にでもさらすと——もちろん鉛の方がもっとひどいが——黒ずみや汚れが広がる．また，[叩いても]あまり音が出ないことにおいても両者は似ている．この[性質の]第一の原因は，[これらの金属は]熱く，**水**性の湿気を含まないために，あまり鋭くなく，その中の**土**質の物質を破壊できず，錆に変えることができないからである．なぜならば，錆は燃えた**土**性に他ならないからである．第二の[性質の]原因は，軟らかさと湿気にある．軟らかくて湿ったものは何でも，叩くとそれに応じて内側に縮む．その結果として，全表面から空気を押し返さない．これが，『霊魂論』で指摘した音の原因である．しかし，錫は鉛よりは音を出す．その音は鈍いので，錫は銅，銀や金のように鋭い音を出すのを和らげて，低くする．そこで鐘をつくるのに，銅に錫を混ぜて融かす．

ヘルメスがその著書『錬金術』で言っているように，錫はその高い乾性のために，それと結合している物体を脆くし，展性を失わせる．これは——すでに説明したことから理解されるが——鋭い蒸気や溶液によってその**土**質の部分が乾固されているためである．しかし，この陳述は正しくないかも知れない．なぜならば，[錫は]他のどの金属よりも軟らかいことが知られているからである．

空気中でも地下でも鋳造した錫はたちまちのうちに分解するが，鉛は変わらずに残るか増えさえするといわれている．そのことは経験とも合致するので，有りうることだと思う．この理由については，すでに『天体論』で説明した．元素の破壊の原因は，それが互いに相手の場所へ移動することにあり，それらを結びつけている結合が強くなければ，一つの元素は他の元素から逃げ去ってしまう．錫があまりよく混合していないことは，すでに指摘したが，それが火で損なわれる原因である．それが生じた場所から移動させられると，他の元素よりも速やかに破壊される．しかし，鉛はその質料が大変に粗雑で，露や雨を吸着して，鉱物質の湿気をつくる．金属それ自身がそれに変化していき，時間とともに増加していく．

2種類の錫が知られている．イギリスないしブリタニア[2]から産する，より硬く

乾いたものと，ドイツの何ヶ所から大量に産するいくらか軟らかいものとである．

以上で，錫の性質についての説明は十分である．

第5章　銀の性質と構成

次いで銀について語ろう．というのは，その色がすでに論じた金属のそれに類しているからである．混合物の性質については，どのような，またどのくらいのものが，どのような仕方で構成しているのかを知るまでは理解できないので，銀の性質についても探究しなければならない．すでに述べたことから，銀は水銀と同じ色をしており，また融けるとそれと同じ偶有性を示すので，**水銀**が銀の成分として入っていることは確かである．それは触れるものにくっつかず，ものの上では丸まって転がり，水，油，ワインやその他の液体のように広がることはない．これら3つの性質は，**水銀**に初生的に存在し，それが融けた銀で認められれば，それを構成する質料として入っている**水銀**に由来するに違いない．銀は白っぽくて，著しい輝きを見せるので，うまく磨くことができる．それに含まれる**水銀**の部分は，よく蒸解され，純化され，極めて精妙な質料と混じっているはずである．銀は悪臭を放つが，すでに論じた金属のそれよりも悪いものではないという特徴がある．

すでに述べたことから，**水銀と硫黄**，またその組成から湿っていて火に融けるものは何でも，生き物の植物や動物とまったく同じように3種類の湿気を含むことが分かる．湿気の一つは重厚であって，蒸解できず，グリース，脂や油のように表面に染み出す．これがものを燃やす元である．次いで二番目は粘液のようで，ものの部分を湿らせ，再生産や成長には寄与しない．三番目は，ものの本質的な部分を飽和させる根源的な湿気である．この湿気によって，部分は堅固で，熟成して，栄養分に富んでいる．銀は硬く乾いていることが知られている．それゆえ，銀は2つの余分な湿気で完全に清浄にされているはずである．三番目の［湿気のもつ］精妙さは，優れた混合をもたらしている．

［火を］強く吹きつけると，銀は硫黄のにおいを発する．それで，醗酵と蒸解によって金属に固有の形相を付与するのは**硫黄**の熱であるから，銀は**硫黄**の物質と性質とをいくらかもっているに違いない．**硫黄**は物質としては実にごくわずか

しか含まれず，[銀にその]色を着けることすらしない．しかし，**硫黄**の力と性質は多量にもっており，[**硫黄**の]熱によって，上に述べた2種類の湿気を消失させて，三番目の精妙で**土**質の質料とよく混合させている．**硫黄**——中でも十分に純化され昇華されたもの——の熱と蒸気によって，ものはとても白くなり，蒸解によって精妙にされ，それらは完全にかつしっかりと混合される．これは，自然の技によって**硫黄**の物質からさえ，2種類の湿気が取り去られたためである．この技は，錬金術師の技術よりもはるかに確実で精妙であり，そのために最も確かな効果を上げる．

[銀は]純化された**硫黄**の熱によって，最も純粋な**水銀**から輝く固有の形相を得た金属であるために，**水銀**の性質をもっており，その必然の結果として白く，輝かしい光沢を具えているはずである．それを叩くと鳴るのは，よく乾いているためであることについては，すでに述べたが，余分な湿気に侵されていると鳴らない．それが十分に蒸解されていることによって，その振る舞いが生じている．その中には**水銀**が豊富にあるため，それだけでも，また他のものといっしょに粉に挽くとか，ただ混ぜただけでも，それを吸うことによって，呼気を強め，心臓の拍動を活発にする．

以前指摘したように，注目すべきは，この金属の最高品位のものは，土の中に軟らかくて濃い粥状をなして産することである．この原因は，これらの場所に**水銀**が豊富にあったことにあり，三番目の湿気が分離して銀の成分となり，他の2つはその辺に汚れた質料として残った．そして，この軟らかくて濁らない白さは，銀の性質に余分なまだ蒸解されていない湿気はまったく取り込まれていないことを示している．そのために，火にかけると軟らかくなるやいなや，直ちに自然の蒸気として蒸発する．そして，銀の物質から出た蒸気は堅固になり始め，空気中で冷やすと固まって銀になる．この湿った銀からできたリサージ[3]は，錬金術の白いエリキサとしては他のどのリサージよりも優れている．この理由は，銀になろうとする傾向をもった湿気からできたリサージは，あたかも脂肪が潜在的に動物であるように，潜在的に銀であるからである．銀は鉛といっしょに火で純化されるが，それについてはすでに述べたとおり，焼くことによって鉛は蒸発して，金糞が銀から分離されるからである[4]．

しかし，銀が石に含まれて産する場合は，石物質を銀といっしょに臼で挽いて細かく砕かねばならない．細かく砕いてバラバラにすれば，一つのものを他のものから分けるのは簡単で，石物質が銀を燃やすことはなくなる．

さてここで，ドイツではときどきとても堅固で，乾いていて，まったくもって純粋な銀が産するという事実を黙って見過ごすわけにはいかない．現在のところ，2つの産状が知られている．一つは，地面の下に直立した柱状をなして，乾固して大変に堅牢であるが，柔軟な状態で産する．他のものは，ひも状[5]で地下に広がっており，その量は多く，柱状のものに匹敵するぐらいである．これらの形態の違いは，蒸気が濃集して，銀の質料に変換された場所の容器としての違いの結果に過ぎない．その粘性や火で燃え尽きる程度の違いの原因は，余分な湿気は大部分蒸発してしまっているが，あたかも粘液の外来的な湿気が［生物体の］器官にくっついているように，ある種の外来的な湿気が銀の物質にくっついており，それらを軟らかくまた締まりのないようにしていることにある．もし火で純化されれば，銀の物質は極めて純粋になる．

融けた状態の硫黄を銀に振りかけると，銀が燃える．銀が黒化するのは，前に述べたように，それが硫黄で焼かれたことを示している．硫黄はその金属に対する親和性のために，それを燃やす．しかし，硫黄を火が点いているものに振りかけても，木や石のようなものを，それほど激しく燃やすことはない．

以上が，銀についての説明である．

第6章　銅の性質と混合物

赤い色の金属は——色のところで明らかにしたように——これまで説明したものとは混合の仕方が異なる．鉄は他の金属からかけ離れた独特の性質をもつので，まず銅の構成について検討する．すべての金属は**硫黄**と**水銀**から構成されていることはすでに説明したので，その上に立って，**水銀**は渣や汚れに満ちてはいないし，また外来の湿気を排除してもいないが，いっぽう**硫黄**の質料は熱で焼かれており，そのため部分的に焼かれた渣に満ちているが，その状態と性質をもって**水銀**と結びついていると仮定する．両者［**硫黄**と**水銀**］ともに十分に精妙でなく，よく混合していないために，**水銀**は赤く変化させられているに違いない．これに

よって銅ができるが，多量の渣が分離して，火の中で激しく蒸発したために，混合はまったく不十分である．

　硫黄が部分的に燃え尽きると，**水銀**の一部は他の部分よりもよく純化されて，その中の余分な湿気が消失する．そのようなところでは，金の脈ができるであろう．あまりよく蒸解されていない他の部分では，すでに燃えてしまっているために，鱗状で粗悪な**土質**のものになっているのであろう．この違いは，ドイツのゴスラーと呼ばれるところで産出する銅を見ればはっきりと分かる．そこの銅は，その中に金の脈が伴われるので，他のどれよりも良質のものである．その銅には，**硫黄**にかなりの砒素が混じっている可能性がある．そのために，この金属の**硫黄**は，他のそれよりも高熱で精錬される．

　さて，銅の質料について知ってみると，それは予想以上に多くの**水銀**を含み，燃えた硫黄と混ぜると赤い形相に変換されることが分かる．なぜ硫黄に赤く燃える本性があるのかについては，すでに十分に説明した．

　砒素は煆焼すると，赤から黒に変わり，その後でアルテル——これはすでに説明したように，長い首のついた覆いをした容器である——で昇華すると，再び雪のように白くなる．煆焼と昇華を何回か繰り返すと，それは極めて白く，かつ鋭くなる．その鋭さのために，銅を融かすときに［砒素を］加えると，その中に侵入して白くさせる．しかし，銅を長時間にわたって火の上に置くと，錬金術［の本］からすぐに分かるように，砒素は蒸発してしまい，銅は再び本来の色に戻る．

　われわれのところ——パリやケルン——や，私が滞在して，実験で確かめた他のところでも，銅の生産を大々的に行っている地域では，カラミナ[6]と呼ばれる石の粉を使って銅を真鍮に変えている．これが蒸発すると，後に暗い光沢を示す見かけが金によく似たものが残る．この色を淡くして，金の山吹色に似せるために，少量の錫を加える．そのために，真鍮は銅の展性を失ってしまう．金のような光沢を出して騙そうとする者は，石を「くっつけ」る．それは，焼いても銅の中に長く留まり，なかなか蒸発しない．この「くっつけ」にはガラスの油を使う．ガラスの破片を集めて砕き，坩堝にカラミナを入れた後で，銅の上に振りかける．石の粉が蒸発しないで，銅の方へ石の蒸気が反射するように，銅の上面にガラス

を浮かせて置く．この方法で銅は長時間のうちに完全に純化され，その中の渣は焼き尽くされる．ガラスの油が蒸発すると，間もなく石の粉末も蒸発する．その結果として，できた真鍮は，それなしで造られたものよりもずっと輝くものになる．もっと金に似たものを造ろうとする者は，ガラスの油を使って何回も焼き，この純化の操作を繰り返し，また錫の代わりに銀を入れて，真鍮と混ぜ合わせる．それは実際のところ銅であることに変わりないが，その輝かしい黄色のために，金だと信じる人がたくさんいる．

　またヘルメスは，粉にしたトゥティア——白でも赤でも——を融けた銅に混ぜると，銅は金色に変わると言っている．トゥティアについては，次の巻[第Ⅴ巻]の「中間物」のところで説明する[p.152参照]．ここでは，トゥティアの燃焼熱が土性を消滅させ，余剰の湿気を銅から追い出して，さらに美しくすると言っておけば十分だろう．しかし，長時間にわたってトゥティアを火にかけると，それは蒸発してしまい，何か処方を講じないと，トゥティアは蒸発して銅の元の色に戻ってしまう．

　さらにヘルメスの言うところでは——これは実験と合致するのだが——，塩をふりかけた銅を酢か純潔な少年の尿の上に置くと，それらの力が銅に侵入して，緑色に変えてしまう．また，圧搾した[極上のブドウの]上に置くと，ワインの純粋な蒸気が美しく輝かしい緑色に変える．しかし，鶏冠石か砒素——特に焼いたもの——を，この色に接触させると，緑色を濁らせてダメにしてしまい，灰色のほとんど不透明に近い土色に変えてしまう．

　[これらの]変化の原因は，すでに述べたところから容易に理解できる．塩はものを開くことに有能で，特に銅が薄い板に叩き延ばされると，その物質を開き，その中の**硫黄**が過度に燃えてできた酢や尿の大変に鋭い蒸気によって銅を燃やす．その結果，湿気とその中の燃えた軽い**土性**の結合したものが，あたかも最も熱くかつ最悪の黄色胆汁のように，緑色を呈する．医者は，この胆汁を緑青（ろくしょう）にたとえる．しかし，[真鍮をつくる]最初の場合には，[カラミナやトゥティアの]蒸気は，[銅と結合して緑色の顔料をつくる]ワインの蒸気ほどには鋭敏でないため，赤色はあまり強くならず，そのために金の輝かしい色が残る．しかし，鶏冠石は非常に熱いので，[銅礬のように]この方法で発色させられたものに触れ

ると，わずかに存在する湿気が燃え尽きる．そのようにして残ったものは，**土**質で不透明である．これは，黄色胆汁が燃えると黒色胆汁の偶有性を帯びた黒い灰が残るという医学の経験的な事実とまったく同じことである．

　これをもって，銅の性質と効能についての説明は十分とする．

第7章　金の性質と混合物

　金の性質に関して若干のことを追加する．金は，その構成物質が不完全であるとか，不調和に混合しているといったことのない，唯一の「病気」でない金属である．もちろん，他の金属と同様に，それも**硫黄**と**水銀**でできているが，その**硫黄**は極めて輝かしく，ほぼ完全に洗浄され，浄化されて清らかであるために，火で燃える油質の物質や揮発性の**水**質の湿気や粘液をまったく含まない．また多分のこと何回にもわたって，地表面下の空洞で昇華されており，ペパンシスと呼ばれる熟成の過程を司る調和した熱で蒸解されている．**硫黄**に含まれる**土**質の物質は清らかで，極めて精妙であるために，**硫黄**そのものの活動的な蒸気として物質の全体にわたって分散している．その結果，この**硫黄**の中の熱は，調和的な混合から外れることがなく，結合させるのに完全に適したようになっている．これが，金の構成において男性的な力としてはたらく．

　その**水銀**も同様に，極めて清浄な2種類の物質と三番目の物質を含む．これは熱によって精妙にされており，単に細かく分割されたものではなく，実際は蒸気であり，太陽や星々によって活気づけられた熱のはたらきのために，地下の空洞で何回も昇華された最も精妙な**土**である．**水**質の物質も同様に，同じ昇華のやり方が何度も繰り返されて，その結果として精妙にされている．この状態でガラスが存在するので，［混合物は］極めて精妙になる．これらは，熱のはたらきやそれ自身で蒸気を濃集して反射する場所の配列の作用によって，互いに混じり合っており，混合物中で成分が非常に強く結合しているのは明らかである．

　しかし，**硫黄**は質的なものとしてばかりでなく，実体としても金の成分をなしている．その物質は精妙なために，**水銀**の全体にわたって侵入し，それを固化させ着色する．両者は非常に精妙にされ，上位の元素［**気**と**火**］——その透明性において永久の実体［エーテル］のような——の形相に変化させられているので，

両者ともに著しい透明性を示すであろう．物質の無数の部分が濃密化して，それらは互いに密に詰まっている．濃密化で押し詰められるのが，精妙な物体の性質の一つであるために，小さい空間に大変に多くの部分をもつことになり，それに応じて圧縮されて透明性が黄色を生じた．また，［質料の］細分化が強力な固体性をもたらしている．『宇宙論』で理由を明らかにしたように，小さな空間に多くの部分があると，重さが大きくなる．

　この固結と調和的混合の結果として，金はほとんどかまったく蒸気を含まず，そのためににおいがない．においは本来的には煙った蒸気ではないが，ときには強いにおいは煙った蒸気を伴うことがある．この結果，金はあらゆる金属の中で最も壊れにくいもので，結合が最も強固であるために，火に対しても強い．煙った蒸気は，実体が破壊されることを示している場合もある．これが，銀の中ではわずかに，銅の中ではより頻繁に起こっている．これらの事実から，金を燃やすことのない硫黄，砒素やその他のものでも，銀を燃やす理由が分かる．そのような挙動は混合に原因があり，すべての土性は火からそれを護る湿気の中にあって，すべての湿気は蒸発で飛び去ることを抑制している土性の中にある．この緊密な結合を，プラトンは「共調」と呼び，エンペドクレスは「関係したものの接合」と呼んでいる．金の調和した混合は，それらが温かくかつ湿っていることの原因でもあり，また心臓の動揺や憂鬱を引き起こす黒色胆汁や，特に一人でいるときに独り言を言う［精神異常］のを治療する処方薬とされる理由である．同じ効能がある他の物といっしょに粉に挽くとか，またはそれだけを粉にして飲んでも，これらの苦痛を和らげるための治療に役立つ．

<small>心臓の動揺に対する金の特有性に関する注</small>

　それ［金］が触れたものに簡単にはしみを着けない原因は，その固体性にある．そのため，指輪やその他の装飾品として身体に着けられる．銀はわずかにしみを着け，他の金属はひどくしみを着ける．その原因は，油質の湿気が完全に分離されていないためである．この中に混合しているある種の燃えた土性があって，油質物の煤のようにしみを着ける．

　その質料が非常に純粋なために，［金は］他の物質とめったに混じっておらず，常にほとんど純粋である．他のものが混じっている場合には，そのような純粋性

は保てず，銅に退化する．いっぽう，それはほとんど石にくっついては産出することはない．またもこの理由から，小さな砂粒としてもしばしば見つかることがあるが，それほどに純粋なものは，質料から抜け出して蒸発したものであろうから，ごく少量しか産しないわけである．このために広く拡散している．しかし，最近になって100マルクもの重さのある塊金が発見された．

　これらのことすべてから，なぜこれらの2つの金属，すなわち金と銀は，人体の治療と慰安に対して特性があって，さらに昔の賢明なる人々によってコインの材料として利用されてきたのかは明白である．またそれは，他の金属よりも永続性と高貴さがあるためでもある．

金の純化について　　金を純化する物質は，塩――中でも海塩――のように鋭敏で極めて乾いたものや，油質であっても乾いている物質の煤や煉瓦の屑である．金を純化するのには，土器を「ひょうたん」型や「小さな楯」型に成型して，それと同じ土でつくったものを被せて，錬金術師が「賢い封塗料」[7]と呼ぶ堅練りの粘土で両者をくっつける．上側の壺には，蒸気や煙が逃げ出す穴がたくさん開いている．次いで金を薄くて短い板状にして，容器の中に並べる．薄板の上下に，煤，塩と細かく挽いた煉瓦を混ぜ合わせた粉を層状に敷く．中の可燃性のものがすべて燃え尽きて完全に純粋になるまで，高熱で焼く．壺をつくった「賢い封塗料」も粉に挽いた焼き物を混ぜて焼いてあるので，その壺は火の中に入れても，あまり縮むことはない．錬金術では，他にも「賢い封塗料」を誂える方法はあるが，金細工師が使っているもので十分としておく．これが金を純化する方法であり，可燃物以外は何も燃えない．そこでヘルメスは，『錬金術』の中で「**硫黄**自身は，すべての金属がそれに関係しているある種の親和性によって，金以外のすべての金属を燃やして灰にしてしまう．金は隙間がきっちりと閉じていて，開くことができない」と的確に表現している．

　現在のところ，金の最大の産地はボヘミア王国であり，最近になってドイツのウェストファリアでも，コールバッハと呼ばれるところでも，金が山から見つかった．この金は，他のものよりも精錬の際に目減りが少ない．他のものよりも安く値切られているが，それは新しいというだけで，その価値が買付人によって止当に評価されていない．

白い質料因［水銀］の方が，赤い形相因［硫黄］よりも消費されるので，加熱するとより赤くなることを知っておく必要がある．このために，金をつくろうと思う錬金術師は，赤いエリキサを探し，彼らはそれを薬と呼んで，その中に4つ［の性質］を求める．すなわち，着色する，侵入する，火で分解されない，堅く固まるの4つである．これらを彼らは「太陽の赤」［太陽＝金］と呼ぶ．銀に対応するエリキサでは，白色が侵入し，火で固定され，かつ非常に精妙なものを求める．これを，彼らは「月の白」［月＝銀］と呼ぶ．この点に関して，ヘルメスは「すべての錬金術師が依拠する原理であり，太陽は赤く，月のそれは白い」と言う．輝く白とサフランの赤［エリキサ］は，金への門を開く．しかし，いくらかの加熱は必要で，それによってわずかに赤さを吸収する．

錬金術師によれば，すべて元素からなるものから3種類の物質が抽出できる

　これまで言われてきたすべてのことが，なぜほとんどの錬金術師が，次のように考えたのかについて光明を与える．すなわち，元素で構成されているあらゆる物質から次の3種類の物質，すなわち，油，ガラスと金，を抽出できるということに関して．すでに何度も繰り返して言われたことから，元素が各部分を取り囲むようにして構成するあらゆる物質では，その中にある種の脂質が存在することは明らかである．これは粘っこいので，水の湿気が失われると，火にかけて焼いたものから脂質が染み出す．焼いたときに，火からより長い間保護される内部へと追いやられる．あらゆるものには，同じようにして，精妙な土と混じった湿気があるので，それらは互いにしっかりとくっつき合っている．これ［混合物］が強く熱せられると，外側にある穴が燃えることで塞がれ，物体内の空隙の中で自己昇華されて，2つの部分に分けられる．一つはより粗雑で，水質の部分は物体中に浮遊していて，非常に強い火によって融けたガラスとなり，冷えるとガラスとして固まる．より純粋な部分は昇華されて，サフランの黄色になり，融けた金となって，冷えて固まる．

　これは人間の毛髪についても同じで，特に頭から切り取られたものは鉱物の粉末を多量に含む．この原因については，ここで説明するのは場違いなので，『動物論』で論ずる．この証拠として，私の経験によれば，人間の頭蓋骨が発見されたときに，その縫合線の噛み合せの間に無数の金粉が見られたことがある[8]．

すでに述べたように，金は常に小粒で産する．この理由は，質料が精妙で，追い出され昇華されているからである．その証拠としては，［金が］固まった水滴のような形で見つかることがある．天然の容器の空隙では，濃集した蒸気が蒸発・凝結を繰り返して，丸いしずくの形になる流体に変換される．場合によっては，それらは中空であったり，伸長したり，より小さなものからなるようであったりすることがある．この原因は，天然の容器の首に当たるところでは，蒸気は同時に変換されたり，固まったりすることはできずに，多少とも時間がかかるためである．あたかも霰ができるときのように，二番目の端に三番目が，場合によっては三番目が他の２つに付け加わっていく．

以上が，金の性質の科学的な一般的説明である．

第8章　鉄の性質と混合物

最後に鉄について論じなければならない．これは融ける他の金属よりも卑しく，蝋と同様に，融けないで軟らかくなるというかたちでのみ融ける．それは大変に**土質**で，重く，汚れた**水銀**と，**水銀**を鉄の固有の形相に変換する力をもつ**土質**の不純な**硫黄**からできている．鉄はとても粗雑であって，その**硫黄**が燃えて容易に錆びる．それが触れるものは何であれ，煤のような黒いしみを着ける．おそらくその**硫黄**の**土質**の物質は，アトラメントゥム［p.145 第Ⅴ巻参照］のようなものであろう．これが，［鉄の］鑢くずでインクに黒色を着けることができる理由である．それは油質の湿気を除去できていないので，簡単に燃える．

この証拠として，石鹸とか瀝青(れきせい)とかの油質の物をくっつけると，口を開き，その上に注いだ錫がその物質に侵入する．この侵入の後では，錫は脆くなり，加工できなくなる．

その中の**土質**の物質が燃えることは，それが分離して金糞が大量にできることや，とりわけ土中にしばしば黒い粒として見つかることからも分かる．これから，他の金属のように融けないで，軟らかくなるだけであるのは明らかである．この原因は**土性**にある．そこで，ヘルメスは次のように言う．「鉄がゆっくりと融ける理由は，それが融けるのを妨げる**土質**の部分を多くもつからである．」それにもかかわらず，強力な火力では，特に砂と硫黄を撒いたときには，蒸留されて純

化される．その高い硬度のために，ハンマーや鑿(のみ)などの道具をつくるようになった．それは他のすべての金属を打ち展ばす．その乾性のために，鋭い刃物は強力で，ものを切ったり，穴を開けたりするのに適している．

　ヘルメスはこれについて，次のように述べている．それをほとんど銀のように白くしている**水銀**は，硫黄と酒石といっしょに加熱すると，その物質中に侵入する．**硫黄**は，その燃える力と不完全な状態から，ヘルメスによって，すべての金属の「不眠者」とか「待ち伏せ者」とか呼ばれている．しかし，火にかけると**水銀**は，鉄の中に長く留まらずに，他の金属の場合と同様に，脱け出していく．それは，**水銀**がそれらの金属と性質が似ているために，容易にくっつくからである．熟達しなければ，それをしっかりと固定することはできない．湿気が逃げ出すので，ヘルメスは**水銀**のことを「逃げる奴隷」と呼んでいる．

　上に説明したように，［鉄は］乾いて燃えたものなので，脾臓や胃の弱いのを治す効能がある．そのため，そのような病気をもつ者は，白熱した鉄を突っ込んだ水やワインを飲むことを勧められる．

　鋼鉄は，鉄とは異なった金属の固有の形相ではない．それは，蒸留によって取り出された，より精妙で**水質**の鉄の部分に過ぎない．その結果，火の力と熱したときにより硬くなる部分が細かく分割されているために，それは［鉄よりも］硬く堅固である．**土質**がより多く取り去られているために，さらに白色である．あまりに硬くなり過ぎると，叩くと壊れて粉々になる．異なる種類の水は，違った程度の硬さをもたらす．このために，鍛冶屋が剣をつくるときに，鉄を急冷するための特別な水を探す．鉄を白熱して水に突っ込むと，水の冷たさのために逃れた熱が鉄の内部に入り，その中の湿性の物質を燃やして硬くする．［湿気が］失われると，鋼鉄はますます硬くなる．

　以上が，鉄やその他の金属について述べるべき個別的および包括的なことがらのすべてである．

第 V 巻

石と金属の中間のような鉱物

MINERALIUM

単 一 論 考

第1章　中間物の一般的性質

　『鉱物論』の第V巻には，石と金属との中間のようなものの性質を検討することが残されている．アヴィセンナは，鉱物体を4つのグループ，すなわち，石，融けるもの［金属］，硫黄と塩に分類したが，硫黄は質料の一部となり，一つのものを他のものに変えるので，水銀以上にそれ自身が鉱物の一部をなすように思われる．それゆえに，中間物について語るに当たって，最初に中間物の性質の一般的なことを論じて，次いでそれらの中のいくつかについて個別に簡単に触れる．それをもって，この巻の目的を達成したこととする．

　ある点では石の，他の点では金属の能動的［性質］を分かち合うものは何でも，中間物と呼ぶ．融けないのは石の性質であり，質料に応じて乾いた熱で融けるのは金属の性質である．それゆえ，石は乾いたもので，**土**の類に属するが，金属は湿ったもので，**水**の類に属する．そこで，中間物はある点では**土**質で，他の点では**水**質である．そして**土**により近いものは，乾いた熱によって固化するが，他方，**水**に近いもの，例えば塩のようなものは，乾いた熱によってそれらから水が蒸留される．さらに，中間物とは乾いた熱で融けて，その後に冷たさによってだけで

はなく，乾燥すれば乾いた熱によってでも，固化する傾向をもつ物質である．『気象学』の教えるところを取りまとめてみると，それらはある程度は水質でないと融けないが，またある程度は土質でないと熱しても固化しない．さらに，中間物は乾いた熱で融けないにしても，石質または土質と，水質または金属質の両者の物質で構成された何物かである．したがって，鉱石の石質の部分とともに，精錬によってできたすべての鉱滓は中間物である．同様にして，すべてのマーチャシータ［p.150参照］も中間物で，それらは石と同じように火で融けないが，それにもかかわらず，その色や重さはまさに金属の性質を示している．またあらゆる種類の——明礬のように——脆い物もすべて，何らかの中間的な質料をもち，［水に］溶けた場合にはものを固めたり，収縮させたりするはたらきが強い．あらゆる礬類もまた，その物質中に何らかの石質のものが存在するので，中間物の仲間と見なせる．

　これらの中間物は，石の質料と，融けるものまたは金属の質料とが蒸気の状態で混合して生じた．水銀の性質のいずれかを帯びて湿っていた体液が，多量の硫黄と混じっていて，体液，蒸気と他の質料が自然に結合してある種の中間物となった．賢明にして勤勉なる自然は，すべての物体の潜在能力を充足させており，アリストテレスによれば，すべての中間段階を経ずして，一つの端から他の端へ移行することはない．それゆえに，自然は融けない石と融ける金属との間にさまざまな中間物を生み出した．自然はすべてのものに調和を表し，良きものへの独自の希求を示している．そのため，あらゆる種類の物体において可能なことすべてが完成に至るであろう．

　しかし，中間物の性質に関しては，金属を変換させることにおいて顕著なものがある．ある種の金属を他の金属に変換しようと試みる者は，科学的な根拠の大部分を，これらの物質［のもつ性質］に依拠している．中間物は原料であって——上に述べたように——一つの金属を他の金属に的確に変換しようとする者は誰でも，それをまず金属の属としての性質に極めて近い第一物質に還元しなければならない．その素材と，それらにはたらく力の援助で，目的とする金属の固有の形相と性質は容易に獲得される．

　『自然学』で提示された科学的な根拠が示すように，中間段階を経ることなく，

一つの端から他の端への運動をすることはできない．しかし，その固有の形相が不完全に見えることが，すべての中間物の特性である．そのために，それらは何にでも変換できる．厳密に言えば，中間物とは，極端なものにおいては明確である完全な性質をはっきりとしない状態で保有しているものであり，それについては『感覚論』の中で説明されるであろう．極端なものは，ある様式で中間物の中に存在してはいるが，それは整ってはいない形相として存在している．このために，技術によってでも，あるいは自然にでも，一つの極端の力を他のそれよりも凌駕させて，集中させると，中間物からその極端なものを引き出すことができる．

以上で，中間物の一般的な説明は終わりとする．中間物は，その両極端［の検討］を通して理解されるので，これ以上論ずる必要はない．

第2章 塩の性質，形相と種類

さて，個々の中間物について語ろう．

最初に塩であるが，これについてはすでに『気象学』で説明したので，一般的なことは知っているわけであるが，粗雑で**土質**の質料が焼かれた後，**水質**の湿気と混じってつくられた．これが，すべての塩が冷たい水や湿った空気に溶ける理由である．

塩には多くの種類がある．海塩があり，塩水から抽出したものである．岩塩もあり，透明な結晶のようで，ハンガリーで大量に産する．これは**土質**の混合物であり，そのため簡単に粉末に砕ける．これは単に**土性**だけでなく，冷たさによって固まり，**土**と結合した**水質**の物質も含んでいる．このことが，透明性の原因であり，熱い湿った空気の中で融け，**土質**の質料を残して，それから水が蒸留されることの所以である．さらに，ナフサ塩と呼ばれる塩がある．含まれるナフサのために黒色である．蒸留すると，ナフサが液化して分離し，白くなる．さらにまた，インド塩もあり，これはその**土**が激しく焼かれているために，それ自体が黒色である．さらにアモンの塩もあり，これはより美しく，またほとんど透明に近い．

他の地方では，これらとは異なる種類の塩があるようである．イタリアの周辺の地中海で採れる海塩もその一つで，フランドルやドイツ周辺の北海産のものは

また別の一種である．地中海産のものは，引き潮のときの干潟や太陽熱が底まで届く窪みで採れる．いっぽう，北海産のものは霰の混じった雪のように粗い粒状である．海底から採られた土質の物質を蒸発させることによって［生産される］．ドイツの他の地域には塩泉もある．その水を蒸発させると，小麦粉のような細かい良質の塩がとれる．塩は尿からもつくれるが，特に少年の尿から錬金術の操作である昇華と蒸留を行うことによってつくる．

製造の方法がどうであれ，普通の塩は性質がどれも同じようなものであって，湿らされた後で焼かれたものと混合した土質の何かからできている．蒸気と混じっているので，燃えた後で白くなる．燃えれば燃えるほど，乾燥によってであれ，蒸し焼きによってであれ，より白く，かつより苦くなる．塩の味については『感覚論』で説明するが，苦味が混じっている．

塩はすべて土質であるために，収斂性があり，またその乾性のために，自ずと乾き，腐敗を防ぐ．また同時に，熱く乾いているために浄化力がある．貫入する鋭い味によって，食物に味を着ける．結晶質のものは，特に濃密な蒸気を積極的に消費するが，より熱いものであれば，混合体の固化した体液を溶かすことができる．すべての塩は多少ともこれ［性質］をもっている．

同様にして，塩はその乾性のためと，空隙の不規則な配列——この不規則性は燃焼によって空隙が乱れたために生じた——によって，細かい破片に壊れる物質の多くの仲間の一つである．

第3章　アトラメントゥムの性質と物質

アトラメントゥム[1]の性質は，それにしても特異であり，水で煮ると溶ける［という］ホメオメロウス[2]な鉱物質の物質と，煮沸してもまったく溶けない石質の物質が混じり合ったものである．アトラメントゥムの原種は間違いもなく液体であり，自発的に固化した．しかし，すべてのアトラメントゥムは，その種類に応じて収斂性があり，刺激的な嫌な味がする．そのために，それを何かにつけると，濃厚に固まる．

いくつかの形相があり，白い種類はアラビア人が「アルカディディス」と呼び，赤い種類を彼らは「アスーリエ」と呼び，黄色い種類を「アルコール」と呼び，

緑色の種類を「アルカカントゥム」と呼ぶ．黒味を帯びた灰色の種類は，ほとんど石質である．ガラスと呼び，インクの一種として分類する人もある緑色の種類は，黄色のものよりも堅牢に固化しており，外側の被覆がより厚い．アトラメントゥムの灰色の種類で最も効力の高いものは，あたかも金粉を散りばめて，鈍く輝いているかのような金色の閃光を放つ．

　すべてのアトラメントゥムが，**土**と**水**からなることは自明である．最初は液体で，後に固体になったので，熱と湿気とによって再び融かすことができる．その色は，**土**質の質料が分割された細かさの程度，湿気の完全な熱処理，**水**の中で**土**が熱処理されたときに混じり込んだ**気**の量の多少に依存する．

　このようなことから，［アトラメントゥムは］石の組成をもち，ときには金属の光沢をもつので，石と金属の中間物であることが分かる．

第 4 章　明礬の性質と種類

　明礬は**土**質の組成をもつ．その**土**は粗雑であり，湿気で固化した類のものであって，その成分として**水銀**を欠いているが，いくらかそれに近い．それは**硫黄**のものではないが，**硫黄**と何かしら関係のある力によって固化されたようである．明礬は普通白色で，乾いた熱で焼かれると，まるで岩塩から蒸留されるように，ある種の水が蒸留される．

　最も普通に産して，役に立つものは 3 種類あり，まず一番目は長くて劈開性のあるもので，劈開面で羽毛状を呈し，銀のような色をしている．二番目は，乾いて丸く，軟らかい石のようで，銀色の光沢や白さにおいて一番目のものにいささかも劣らないが，効力においては及ばない．これを「丸い明礬」と呼ぶ人もある．三番目は乾いた石のようで，黄色味を帯びている．これらの 3 種のいずれも簡単に粉末になる．初めの 2 つは熱く乾いていて，乾燥させることにおいて極めて活性であり，収縮を引き起こす．三番目は石質であるが，収斂性がない．一番目のものを洗うのに使った水は，十分に古くて，繰り返し濾過されていると，あらゆる種類の物体を固化して，硬化させるのに際立って効果的である．すでにどこか［p.75 参照］で触れたが，さらに論及するであろう錬金術師が「処女のミルク」と呼ぶ液体には，これが使われる．油質の瀝青のように簡単に燃え尽きる「湿っ

た明礬」と呼ばれるものがある．この性質や油質のことから，完全に硫黄のようであるが，臭気はない．この形相をした明礬をナフサと呼ぶ人もある．

第5章　砒素の性質と種類

砒素は石の一種としてしばしば産する[3]が，第Ⅱ巻で触れたように，何種類かあって，ここで述べる方が適当であろう．それらは焼けた**土**性の性質をもつのは間違いないが，**硫黄**と関係しているので，**硫黄**の油質の性質も持ち合わせている．**硫黄**の湿気は金属に関係しているので，その中に入り込むことにおいて非常に活性であり，それを燃やす．砒素はさらに鋭いので，それをより効果的に燃やす．砒素は脆く，熱く乾いているが，乾いているというよりはむしろ熱い．そのために，ものを分解して食い尽くしてしまうことにおいて非常に活性である．

3種類が知られており，白色のものと黄色のものでは，後者のものは他のものより脆く，色が淡くかつありふれていて，雄黄[4]と呼ばれる．他に赤いもの［鶏冠石］がある．最高のものは，赤色に満ちており，他の色の筋が入っているものである．質料の違いに応じて，他にもいくつかの種類があるだろう．

第6章　マーチャシータの種類と混合物

マーチャシータ[5]については，この本の第Ⅱ巻［p.60参照］で触れたが，ここにより詳細な議論を挿入しなければならない．なぜならば，実際にマーチャシータは石と金属の両者の性質を併せもつからである．そのため，これはどちらかの一つではなく，他の一つでもなく，まさしく中間物である．それは乾いた熱で液化できない石の**土**質の物質を含むので，石と同じように強熱すると生石灰になる．しかし，それは金属の重さと光沢をもち，大変に重い．これまでいかなる金属も精錬されたことがなく，むしろ金属は火で蒸発してしまい，石は生石灰に変わってしまう．この理由は，その中の金属が，固有の形相に完全には達していないことにこそある．そのため，もし黄金のマーチャシータが，完成した金の形相をとっていれば，金は蒸発せずに，それから精錬されるはずである．それゆえ，それは金属の質料と色をもち，固有の形相をもたない．その結果，強熱して試金すると蒸発して消えてしまう．

マーチャシータにも，金属にいくつかの種類があるように多くの種類がある．それらは金色か銀色で，金色の種類はまれであるが，銀色のものはしばしば産する．錫や鉛様のものもまれである．マーチャシータはその種類が何であれ，石の性質を越えた何らかの金属に属する性質と組成をもち，色がそれに似ている．それは硬く，重いが，その硬さは石の硬さにまで焼かれ，炙られているからで，またその重さは不純物が除去されていないことによる．

視力を助けることの注　古代の自然学者は，この石を「アデストゥルム」と呼んだが，これは「光の石」という意味で，特に黄金のマーチャシータは，ものが見えるのを助けることによる．その自然の質は，熱く乾いており，その効力は収縮，加熱，熟成と解放にあり，それらの効力は強力である．子供の首から吊るすと，恐怖感をなくすという．

錬金術では，白いエリキサは銀色のマーチャシータから，赤いエリキサは金色のマーチャシータからつくるので，この石は**水銀**を養う主要な食料である．

第7章　ニトルムの性質

ニトルム[6]は，それが最初に発見されたニトレア島に因んで命名された．アラビア人は，これを「ボーラック」と呼ぶ．それは塩の一種で，岩塩よりも暗色であっても透明である．薄板状である．火で焼かれると，余分な**水**質の物質をすべて失う．焼けば焼くほどより乾く．塩そのものよりも鋭くなるだろう．

ニトルムの形相は，それが生成した場所により識別される．われわれが知っているのは3種類で，アルメニア，アフリカとドイツ産のものである．最後のものはゴスラーというところで大量に産する．銅鉱石を豊富に胚胎する山に雨が降ると，雨水が山に浸透して，100歩も離れたところで鉱夫が掘削する地点に到達する．その間に水はニトルムに変換されるようである[7]．土地の人は，それを岩塩だと思っているが，私は自身で観察して，触ってみたところニトルムであることが分かった．またこれは，凍てつく天候のときに，屋根から水が滴り落ちるときにできるつららと同じでき方と形をして，山の穴の中にも生じている．これは板状ではなく，［断面が］丸い．

アフリカのニトルムは，他のところのものと形相を比較すると，塩に比定でき

るニトルムである．すべての「ニトルムの泡」は，ときには「ニトルムの華」とも呼ばれるが，ニトルムよりも物質と力がより精妙である．最上の「泡」は石灰の色に近く，大変に脆い．すべてのニトルムは，熱く乾いており，それで皮膚が割れたり，洗浄されたり，むけたり，または腐食させるはたらきがある．とりわけアフリカ産のものは，他のものよりも強烈である．

第8章　トゥティアの性質

　トゥティア[8]は，金属の変換にしばしば用いられるが，これは人工のもので，天然には存在しない合成物質である．石やその中に含まれる錫［亜鉛？］から銅を［分離・］精製する場合に，煙が上昇して，その煙が固体の物質にくっつき，固化して［トゥティアが］できる．より高品質のものは，昇華中に底に沈んだもので，これ［カドミア；p.160 第IV巻訳註[6]参照］をスクッドゥスと呼ぶ人もある．

　トゥティアは白色か赤味を帯びた黄色であり，いろいろな種類がある．トゥティアで洗うと，その黒色沈殿物のようなものが底に沈み，これはインド・トゥティアと呼ばれることがある．トゥティアとスクッドゥスとの違いは，すでに述べたように，トゥティアは昇華されたもので［あるのに対して］，スクッドゥスは底に沈んだもので，昇華されていない［ことにある］．最高品質のものは揮発性で白色であり，次いで黄色，さらに赤色のものである．新鮮なものほど，古いものより効力が高い．また，洗浄されたものの方が，そのはたらきにおいて強力である．

第9章　エレクトラムの本性と性質

　古代の多くの人たちは，エレクトラムを中間物ではなく，金属に含めた．アラビア人はティンカールと呼び，「金の結合剤」と呼んだ人もいる．その色は金と銀を混合したもので，この金属には2つの種類がある．一つは銀［と金］を混ぜてつくり，他のものは天然産であって，古代の人々が金属の中で最高のものとした．エレクトラムでつくった容器の中の飲み物に毒を入れると，ニトルムに酢を注いだときのような音を発するが，これをもって［最高の金属と］見なしたので

なければ，なぜそうなのか理由は分からない．エレクトラムは金と銀の混じった色をしているので，両者の本性や性質をもっていることは疑う余地がない．

　以上で，ホメオメロウスで組織化されておらず，生きていない混合物体の説明を終る．すでに述べたことから，ここで言及しなかったことも，容易に理解されるはずである．

訳　　注

第Ⅰ巻　論考Ⅰ

［1］アルベルトゥス・マグヌスの自然学関係の著作は，アリストテレスのそれらを再構築しようと意図したものであるから，それらの日本語名称は，基本的に岩波版『アリストテレス全集』〈二〉に従った（以下〈　〉は参考文献を示す）．

［2］鉱物（石）に関するアリストテレスの著作は失われており，『気象学』の中に，その考え方がごく短く記述されているだけである．弟子のテオフラストスによる『石について』に，師の鉱物に関する見方が伺える（「解説」を参照のこと）．

［3］アヴィセンナ（Avicenna；980-1037）は，アラビア科学の代表的な学者で，イブン・スィナー（Ibn Sīnā）のこと．ペルシア人で，医者，科学者で哲学者．代表的な著作『医学典範』（全5巻）はラテン中世で『カノン』として知られ，16世紀まで医学校の標準的なテキストとして使われた．また，『治癒の書 Kitab al-shifa'』には，地学現象を扱った3つの部分があり，アルベルトゥスの記述は，これに大きく依拠している〈7〉．

［4］ヘルメス・トリスメギストス（Hermēs Trismegistos）のことで，錬金術などの密儀宗教の祖神と目され，エジプトのトート神と同一視される．世界の三つの知恵を併せもつということで，「三重に偉大な」ヘルメスと呼ばれる．ヘレニズム・ローマ時代に書かれたものを集めた『ヘルメス文書』は，ヘルメスから伝授されたと信じられていた〈一〉．

［5］エワックス（Evax）は，実際には「アラブの王」ではなく，1〜5世紀のある時代にエジプトのアレクサンドリアで活躍したギリシア人の著述家ダミゲロン（Damigeron）のこと．

［6］ディオスコリデス（Dioskoridēs）は，ローマ時代のギリシア人の博物学者．代表的な著作に『薬物誌』（全5巻）があり，その第5巻では「すべての鉱石類」として100種類近い鉱物，土や石が，その薬効とともに記載されている〈四〉．

［7］アーロン（Aaron）は，『旧約聖書』でモーセの兄とされる人物で，司祭長．彼の胸当には，それぞれの場所に宝石の名前が書かれてあった．

［8］ヨセフス（Flavius Josephs；37-100頃）のことか．ユダヤの歴史家で，著書に『ユダヤ戦史』（全7巻）などがある．

［9］プリニウス（G. Plinius；23-79）は，1世紀のローマ帝政期の博物学者．代表的な著作として『博物誌』（全37巻）がある．その中の第33〜37巻に，金属，石や宝石が記載されている〈十六〉．

［10］エリキサは，アラビアの錬金術で al-iksīr（アリクシール）のこと．金属を変換する能力をもつとされた錬金薬で，「賢者の石」と呼ばれた．

訳　　注　　　　　　　　　155

[11] 質料とは，物質を構成する素材のことで，元素に相当する．この本では，アリストテレスの四元素説，すなわち「火」「(空)気」「水」と「土」が，あらゆるものを構成するという考え方に立って議論を展開している．この四元素と四性質との関係を図2に示す．

[12] [3]のアヴィセンナの『治癒の書』の中の「石の凝固と硬化について」に見られる説〈六〉．

[13] パリ盆地の周辺は，第三紀の地層からなり，貝類の化石を多量に産する．

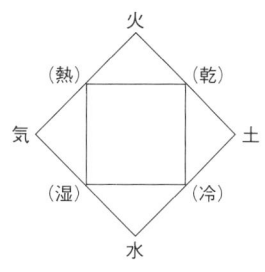

図2　アリストテレスによる四元素と四性質との関係を示す図

[14] 煆焼とは，錬金術の操作の一つで，金属を空焼きすること．

[15] ランビキは，錬金術で最も重要な器具で，蒸留器のこと．アラビア語の al-anbīq（アランビーク）からきたポルトガル語アランビックが訛って，日本ではランビキと呼ばれた．

[16] エンペドクレス（Empedoklēs；前493-433頃）は，四元素説の提唱者．叙事詩『自然について』があり，その一部が残る．

[17] デモクリトス（Dēmokritos；前460-370頃）は，原子論の提唱者として有名．宇宙論から人間論に至る膨大な著作をしたと言われるが，断片が残るのみ．後世デモクリトスに帰せられる錬金術や自然論に関した偽書が多数現れた．アルベルトゥスも，それらの偽書に基づいて記述しているのであろう．

[18] プラトン（Platōn；前427-347）は，『ティマイオス』の中で，すべての物質をつくる四元素は互いに移行し合うと述べている〈十五〉．

[19] 本訳書で「混合物」と「複合物」と訳した commixta と complexionata は，それぞれ「元素が単に集まってくっつき合っているもの」で鉱物などの無機物を，「体液が結合したもの」で植物を意味する．「器官や組織から構成される」動物は，composita で「結合体」と訳す．

[20] ここで言う「斑岩」は，現代の岩石学で使われる狭義の斑岩（英語で porphyry）に限らず，ほぼ深成岩の意味で使われている．

[21] フリードリッヒ皇帝は，「神聖帝国」（「神聖ローマ帝国」の国号は1254年以降）の第3代皇帝のフリードリッヒⅡ世（FriedrichⅡ；在位：1220-50）のこと．知識欲に富み，あらゆることに関心をもったという．また，語学に堪能で，アラビア語も読めた教養人〈五〉．

[22] 鉱物成分を高濃度に含む温泉（鉱泉）からの沈殿物のことを記述している．英語でtravertine と呼ぶ．

[23] この書名は，ⅩⅡをⅦと書き間違えたらしい．「12の水」について書かれた書物がいくつか残されている〈13〉．

第Ⅰ巻　論考Ⅱ

[1] プラマは，多分プラシウスと同じで，現在はプラスマ（明るい緑色の玉髄）と呼ばれるものである．

［2］普通の玉髄のことであろう．しかし，ここでは赤色種のコルネリウスと混同されている．

［3］アルベルトゥスがケルンにいた頃，そこの大聖堂の建設が始まっていた．そこで建築用の石材の割り方について，石工の作業を見学し，また彼らから直接話を聴いて，このことに気が付いたのであろう．

［4］アヴィセンナの化石についての解釈は，文献〈7〉に見られる．

第II巻　論考I

［1］ダマスカスのヨアンネス（Ioannēs Damascene；674頃-749頃）は，東方教会の神学者で宗教説話や賛美歌の作者．

［2］アレクサンドロス（Alexandros）は，2～3世紀の哲学者．アリストテレスの註釈を行い，中世のアリストテレス研究に役立った．

［3］アプレイウス（Apleius）は，2世紀の中頃に活躍した，アフリカ生まれの哲学者・修辞学者．『弁論』や『変身譜』などがある．プラトン哲学を紹介した著書もある．

［4］プトレマイオス（Ptolemaios）の『四部書』（テトラビブロス）は占星術の聖典とも言うべき著作で，4部からなるので，この名称で呼ばれた．彼は，2世紀のギリシア人の天文学者・地理学者で，天動説の大成者でもあり，『アルマゲスト』も著した．

第II巻　論考II

［1］アダマスは，この記載から見てその一部はダイヤモンドと見なせるが，アラビアやキプロス産のものは磁鉄鉱（magnetite）と考えられる（当時ダイヤモンドはインド産のみ〈5〉）．

［2］アプシントゥスは，何であるかはっきりしないが石炭（無煙炭；anthrax）か．

［3］アラマンディナは，アルマンディン（鉄礬柘榴石；almandine）．

［4］アマンディヌスは，何であるか不明であるが，アダマスの破片のようなものを指すらしい．

［5］アメティストゥスは，アメシスト（紫水晶）であるが，蛍石（fluorite）も含まれるらしい．

［6］アンドロマンタは，はっきりとは断定できないが，黄鉄鉱（pyrite）や磁鉄鉱のことらしい．

［7］バラギウス（またはパラティウス）はスピネル（spinel）のことか．

［8］ボラックスは，硼砂（borax）のことであるが，ワイコフによると，一部に三葉虫の化石も含まれるという〈23〉．

［9］ベリルスは，文字どおりベリル（緑柱石；beryl）であるが，一部は水晶も含む．

［10］カーブンクルスは，一般に透明な赤い宝石のことであるが，ここではルビーと柘榴石であろう．

［11］カルカファノスは，響岩（phonolite）のことか．

［12］ケロンテスは，真珠母（mother of pearl）のこと．

［13］ケゴリテスは，ウニの化石か．

［14］クリソパススは，クリソプレース（chrysoprase）であり，玉髄の一種である．

- [15] クリソリトゥスは，英語で chrysolite で，かんらん石（peridot）のこと．
- [16] クリセレクトゥルムは，琥珀であるが，一部は黄水晶，クリソベリル（金緑石；chrysoberyl）や黄鉄鉱のことか．
- [17] クリソパギオンは，さまざまな石が該当するとされてきたが，具体的に何かは不明のままである．記載から底面に燐光の現れるもののようにも考えられる．
- [18] ディアモンは，水晶の一種か．
- [19] ディアコドスは，水晶の一種か，またはベリルのことか．
- [20] ディオニシアは，酒の神ディオニュソス（バッカス）に因み命名された石で，ワインの香りがすることから，何かの硫酸塩であるらしい．
- [21] ドラコニーテスは，アンモナイトの化石のことか．
- [22] エキテスは，ジオード（geode）のことで，普通は石灰岩の中に生じる中空の球状体．
- [23] エリオトロピアは，血石（heliotrope）のことで，玉髄の一種．
- [24] エピストリテスは，黄鉄鉱のこと．
- [25] エチンドロスは，水滴を含む玉髄のノジュールらしい．
- [26] エクサコリトゥスは，ある種の粘土か磨き砂の類か．
- [27] エクサコンタリトゥスは，オパール（opal）の一種．
- [28] ファルコネスは，鶏冠石（realger）と雄黄（orpiment）のことで，いずれも砒素の硫化物．
- [29] ガガーテスは，琥珀または黒玉炭（jet）のこと．
- [30] ガガトロニカは，伝説的な宝石であるが，同定不能．
- [31] ゲロシアは，ダイヤモンドまたはコランダム（鋼玉；corundum）のことか．
- [32] ガラリキデスは，方解石のこと．
- [33] ゲコリトゥスは，ウニの化石か．
- [34] ゲラキデムは，昆虫が嫌うということから，砒素鉱物か．しかし，それでは口の中に含めない．
- [35] ハイエナは，瑪瑙か猫目石（cat's eye），またはオパールのことか．
- [36] ヒアキントゥスは，サファイヤ（コランダム）のことであるが，文字どおりヒヤシンス（ジルコン；zircon の一種）であるかもしれない．
- [37] イリスは，水晶の一種．
- [38] イスクストスは，別名アスベストゥスから分かるように，石綿（アスベスト）である．
- [39] ユダヤ石は，ウニの化石か．
- [40] ヤスピスは，碧玉（jasper）であるが，緑色のものはクリソプレースやヒスイも含まれるらしい．
- [41] カブラテスは，何であるのかよく分からないが，水晶の一種かもしれない．
- [42] カカモンは，カメオになることや，玉髄と混じっているという記述から瑪瑙のことか．
- [43] リグリュスは，電気石（tourmaline）らしい．
- [44] リッパレスは，イタリアのリパリ島に産することから命名された．火山から産出する硫黄か，または瀝青か．
- [45] マグネスまたはマグネテスは，磁鉄鉱で天然磁石である．
- [46] マグネシアは，苦灰石（dolomite）のこと．

[47] メディウスは、胆礬(たんばん)（chalcanthite）らしい．
[48] メロキテスは、孔雀石（malachite）や緑色の他の銅鉱物．
[49] メンフィテスは、石ではなくて薬草の一種か．
[50] ニトルムは、硼砂やソーダ石（natron）のことで、硝石ではない．中間物としても記載されている．
[51] ヌサエは、三葉虫の化石か．
[52] オニックスは、縞瑪瑙（onyx）と石灰華、鍾乳石や石筍(せきじゅん)などからできた同心円状の断面を残す大理石．
[53] オニチャは、オニックスに同じ．
[54] オフサルムスは、オパールのこと．
[55] オリステスは、磁鉄鉱か．
[56] オルファヌスは、オパールのこと．
[57] パンセルスは、オパールのこと．
[58] ペラニテスは、ジオードのこと．
[59] ペリセは、かんらん石であるが、黄鉄鉱も含まれるようである．
[60] プラシウスは、プレーズ（緑青色の玉髄；prase）のこと．
[61] ピロフィルスは、何か不明．
[62] クァンドロスは、アレクテリウスと同じものだろう．
[63] クィリティアは、ヤツガシラが巣に残した汚物か．
[64] ラダイムは、アレクテリウスと同種であろう．
[65] ラマイは、アルメニア産の粘土かオーカーである．
[66] サフィルスは、ラピスラズリ（lapis lazuli）のこと．
[67] サルコファグスは、大理石またはアラバスターであろう．
[68] サグダは、フジツボのこと．
[69] サミウスは、サモス島産の緻密なチョークか白色の粘土．
[70] シレニーテスは、真珠母が最も良く記載と合致するが、オパール、月長石（moonstone）や石膏なども該当する．
[71] スマラグドゥスは、その一部はエメラルド（緑柱石）と見なされるが、銅鉱脈から産するものは孔雀石であろう．
[72] スペクラリスは、白雲母、黒雲母や（透明な）石膏のことであろう．鶏冠石も該当するかもしれない．
[73] サッキヌスは、琥珀である．
[74] シルスは、軽石（浮石；pumice）である．
[75] トパシオンは、黄鉄鉱のことで、その名の通りのトパーズ（topaz）や黄水晶が該当するかは不明．
[76] ウァラックは、よく分からないが、赤鉄鉱か辰砂（cinnabar）のことらしい．
[77] ウェルニックスは、ラマイと同じ．
[78] ウィリテスは、黄鉄鉱のこと．
[79] ジグリテスは、同定不能の石で、単なる伝説上のものであろう．

訳　　注

第II巻　論考III

[1] マギーは，古代オリエントの祭司を意味し，超自然的な力をもつと言われた．
[2] ゲルマは，バビロニアの魔術師や超能力者を指すのであろう．
[3] ゲーベル（Geber）は，本来はアラビアの錬金術師ジャービル・イブン・ハイヤーン（721-815頃）のことであるが，西欧ラテン世界でゲーベルの著作とされるものは，13世紀にスペインの学者によって，アラビアの錬金術の知識を元に独自に編纂されたもの．したがって，ここではセヴィリアのゲーベルと呼ばれている〈三〉．
[4] サービットは，サビア教徒で，アラビアの数学者・天文学者サービット・イブン・クッラ（Thābit ibn Qurra；834-901頃）のことか．
[5] ピュロス（Pyrrhos；前319-272）は，古代エペイロスの王．アスクルムでローマ軍と戦い（前279），勝利を得たが，その際に多大な犠牲を払ったため，割に合わない戦勝のことを英語で Pyrrhic（victory）と言う．
[6] コスタ・ベン・ルカは，アラビアの医者・哲学者・翻訳家のクスター・イブン・ルーカー（Qustā ibn Lūqā；860-900）のこと．ここで引き合いに出しているのは，ラテン語訳のあった護符の効能に関する著作『身体の結紮（魔術）』のことであろう〈j, k〉．
[7] ゼノン（キュプロスの）（Zēnōn；前335-263）は，ギリシアの哲学者，ストア派の祖．自然学ではヘラクレイトスに復帰し，アリストテレスの影響も受ける．
[8] ガレノス（Galēnos；129-199頃）は，ローマ帝政期の代表的なギリシア人医学者．四元素説に対応して四体液説を大成した．古代・中世を通じて最も優れた解剖学・生理学の権威とされた．

第III巻　論考I

[1] 8世紀以降のアラビア世界に定着した錬金術の基本的原理．男性的原理の**硫黄**と女性的原理の**水銀**の2つが，あらゆる金属を成り立たせていると見る．金はこの2つが完全なる平衡に達したときに実現するとした〈三〉．
[2] ワイコフによると，カリステネス（Callistenes）はアラビアの科学者カリッド・イブン・ヤジッド・イブン・ムアウィアの誤りであるという〈23〉．
[3] アナクサゴラス（Anaxagorās）は，前5世紀のギリシアの自然哲学者で，物質の根源は「万物の種」（スペルマタ・パントーン・クレマートン）であるとしたことで知られる．
[4] アルベルトゥスの錬金術については，文献〈十七, 10, 17〉を参照のこと．
[5] フライベルク（Freiberg）は，エルツ山地の麓でドレスデンの南西30 kmにある鉱山町．12世紀から銀の採掘が行われた．世界最古の鉱山学院（Bergakademie）があり，ザクセンの鉱業の中心地〈七〉．
[6] ゴスラー（Goslar）は，ハルツ山地の北西にある鉱山町．10世紀から鉱山の開発が行われ，最初は鉛と銀を産し，後に主に銅が採掘された〈22〉．

第III巻　論考II

［1］　アモンの塩は，磠砂(ろしゃ)（sal ammoniac）で塩化アンモニウム（NH$_4$Cl）のこと．
［2］　酢酸銀ができることを述べている．

第IV巻

［1］　酢酸鉛のできること．
［2］　ブリタニアの錫は，主にコンウォールで産した．ヘルシニア造山帯の花崗岩に関係した鉱化作用で形成され，すでに青銅器時代より採掘された〈14〉．
［3］　リサージとは，灰吹法のときにできる鉛の酸化物．
［4］　灰吹法のことを述べている．
［5］　ひも状の銀は，フライベルクなどで産し，もつれた毛糸のような形をなす．
［6］　カラミナはカドミア（cadomia）の誤りか．カドミアは「カドモスの土」と呼ばれ，ギリシアの錬金術師が，それを使って金に似た合金を造った．
［7］　「賢い封塗料」とは，壺とその蓋を密封したり，ランビキを密封するための接着剤で，粘土と何かを混ぜてつくった．
［8］　これは金ではなく，黄鉄鉱のことであろう．化石の表面または全体が黄鉄鉱に置換されていることはしばしば見られる．

第V巻

［1］　アトラメントゥムとは何を指すのかはっきりしないが，鉄と銅の硫酸塩の水和物を含むことは明らかである．
［2］　ホメオメロウスとは，全体が均一であることを意味し，英語の homogeneous に近い．
［3］　自然砒素は，ドイツではフライベルクなどザクセンの各地の鉱山から産する〈2〉．
［4］　雄黄（orpiment）の化学式は As$_2$S$_3$ で，鶏冠石（realgar）は AsS である．
［5］　マーチャシータとは，主に金属の硫化物で，黄鉄鉱，白鉄鉱，硫砒鉄鉱，自然砒，輝安鉱などを指す．金属光沢を示すが，当時の精錬技術では金属を抽出できなかった．
［6］　ニトルムは，本来は硝石（KNO$_3$）であるが，ここではソーダ石（natron；Na$_2$CO$_3$·10H$_2$O）などを指す．
［7］　ゴスラー鉱山から見つかっている「ニトルム」は，ゴスラライト（goslarite）と呼ばれる亜鉛の硫酸塩水和物（ZnSO$_4$·7H$_2$O）である．
［8］　トゥティアとは，不純な亜鉛華（酸化亜鉛；ZnO）のこと．

編集者あとがき
〈Borgnet 編集版より〉

　われわれは，この聖人の鉱物に関する書物を終るに当たって，ヨアヒム・セガール博士の見解（『アルベルトゥス・マグヌス，その生涯と科学 Albert le Grand, sa vie et sa science』1862）に触れずには済まされない．

　彼は，実際に鉱物学に関して驚くべき豊かな知識をもっており，その題材を扱った書物の中に散見される，ひどい間違いの個所を指摘するというようなことによって，その大部分を無価値と見なすことは差し控えるべきであろう．鉱物の分類（石，金属とそれらの折衷的な中間物に分ける）が不十分であるとか，また迷信や偏見に身をまかせているなどと非難することに対しては，彼が参照して，役立てることのできたその科学の分野における先行者の著作は，当時はごく限られていたことを知るべきである．それは19世紀ではなく，13世紀に体験されたことであって，現代においてはまったくの間違いとしてわれわれが知っていることすべてに基づいて，そのような価値判断をしてはならない．その独創的な観点，独自の観察に対する努力や錬金術に対する見解，等々において敬服すべきことは否定のしようもない．自然科学の広大な領域を，大いなる愛着と成功をもって渉猟し得たのは驚くべきことであるのを何人も否定できない．自然誌家ショーランは，この偉人による著作は，中世において自然誌について書かれた重要な書物の中の一つと見なすことができると高く評価している．

参考文献

〈辞典類〉

〈a〉 田中秀央（編），『羅和辞典』（増訂新版），研究社，1966.
〈b〉 大槻真一郎，『科学用語 語源辞典―ラテン語篇―』，同学社，1979.
〈c〉 『岩波 西洋人名辞典』（増補版），岩波書店，1981.
〈d〉 ロイン，H.R.（編），魚住昌良（監訳），『西洋中世史事典』，東洋書林，1999.
〈e〉 『岩波 理化学辞典』（第4版），岩波書店，1987.
〈f〉 地学団体研究会（編），『新版 地学事典』，平凡社，1996.
〈g〉 文部省，『学術用語集 地学編』，日本学術振興会，1984.
〈h〉 大槻真一郎（編著），『記号・図説 錬金術事典』，同学社，1996.
〈i〉 Lewis, C. T. and Short, C., *A Latin Dictionary*, Oxford Univ. Press：Oxford, 1969.
〈j〉 Gillispie, Ch. C., ed., *Dictionary of Scientific Biography*, 14 vols., Charles Scribner's Sons：New York, 1970-79.
〈k〉 Rashed, R., ed., *Encyclopedia of the History of Arabic Science*, 3 vols., Routledge：London, etc. 1996.

〈和文文献〉

〈一〉 荒井 献・柴田 有（訳），『ヘルメス文書』，朝日出版社，1980.
〈二〉 出 隆（編），『アリストテレス全集』（全17巻），岩波書店，1968-89.
〈三〉 伊東俊太郎，『近代科学の源流』，中央公論社，1978.
〈四〉 大槻真一郎・大塚恭男（編），『ディオスコリデスの薬物誌』（1. 薬物誌；2. ディオスコリデス研究），エンタープライズ，1983.
〈五〉 菊地良生，『神聖ローマ帝国』，講談社現代新書，2003.
〈六〉 沓掛俊夫（1989），「西欧における鉱物概念の成立」，『一般教育論集』（愛知大学教養部），第2号，23-28.
〈七〉 沓掛俊夫（1990），「ヴェルナーの水成論とその波紋」，『一般教育論集』（愛知大学教養部），第3号，25-33.
〈八〉 沓掛俊夫（2003），「岩石の成因をめぐって―18世紀後半の水成論 vs. 火成論―」，『科学史研究』，第42巻，No.228, 223-228.
〈九〉 クロンビー，A.C.（著），渡辺正雄・青木靖三（訳），『中世から近代への科学』（上・下），コロナ社，1971.
〈十〉 コプルストン，F.（著），箕輪秀二・柏木英彦（訳），『中世哲学史』，創文社，1970.
〈十一〉 小松真理子（2000），「アルベルトゥス・マグヌスの翻訳文献情報」，『生物学史研究』，No.60, 129-130.

〈十二〉 小松真理子（訳），「アルベルトゥス・マグヌス『動物論』」，上智大学中世思想研究所編『中世思想原典集成』，「第十三巻 盛期スコラ学」，平凡社，pp. 511–540, 1993.
〈十三〉 ジルソン，E.(著)，服部英次郎(訳)，『中世哲学の精神』(上・下)，筑摩書房，1974.
〈十四〉 砂川一郎，『宝石は語る』，岩波新書，1983.
〈十五〉 田中美知太郎・藤沢令夫（編），『プラトン全集』（全16巻），岩波書店，1974-78.
〈十六〉 中野定男・中野里美・中野美代(訳)，『プリニウスの博物誌』(第Ⅲ巻)，雄山閣，1986.
〈十七〉 ホームヤード，E. J. (著)，大沼正則（監訳），『錬金術の歴史—近代化学の起源—』，朝倉書店，1996.
〈十八〉 森田慶一（訳註），『ウィトルーウィウス 建築書』，東海大学出版会，1979.

〈欧文文献〉

〈1〉 Agricola, G. [1546] (1955), De Natura Fossilium (trans. Bandy, M. C. and Bandy, J. A.). *Geol. Soc. Amer.*, Spec. Paper 63：New York.
〈2〉 Dana, E. S. and Ford, W. E. (1949), *A Textbook of Mineralogy* (4 th ed.), John Wiley and Sons：New York.
〈3〉 Evans, J. (1922), *Magical Jewels of the Middle Ages and the Renaissance*, Clarendon Press：Oxford (rpt.：Dover Publication：New York, 1977).
〈4〉 Goldschmidt, G. (1983), *Albertus Magnus de mineralibus*, Erwin Braun Gesell. für Präventivmedizin：Basel.
〈5〉 Harlow, G. E., ed.(1998), *The Nature of Diamonds*, Cambridge Univ. Press：Cambridge, etc.
〈6〉 Hofmann, C. A. S. (1789), *Mineralsystem des Herrn Inspektor Werner*, Freiberg.
〈7〉 Holmyard, E. J. and D. C. Mandeville (1927), *Avicennae de congelatione et conglutione lapidum*, Libraire Orientaliste：Paris.
〈8〉 Laudan, R.(1987), *From Mineralogy to Geology：The Foundations of a Science*, 1650–1830, Chicago Univ. Press：Chicago and London.
〈9〉 Linnaeus, C. (1735), *Systema Naturae*, Leyden.
〈10〉 Partington, J. R. (1937), Albertus Magnus on alchemy. *Ambix*, **1**, 3–20.
〈11〉 Prescher, H. und Quellmarz, W.(1994), Mineralogische Systems bis heute：Agricola in der Tradition. *Georgius Agricola, Bergwelten 1494–1994* (hrsg. Bernd Enstig), Edition Glückauf：Essen, S. 125–128.
〈12〉 Rapp, G. R. (2002), *Archaeomineralogy*, Springer：Berlin, *etc*.
〈13〉 Sarton, G.(1927), *An Introduction to the History of Science*, **1**, Carnegie Institution of Washington：Washington D. C..
〈14〉 Shepherd, R. (1993), *Ancient Mining*, Elsevier：Essex.
〈15〉 Strunz, H. (1950/51), Die Mineralogie bei Albertus Magnus. *Acta Albertina：Regensburger Naturwissenschaften*, **20**, 19–39.
〈16〉 Theophrastus (1956), *On Stones* (ed. and trans. Cayley, R. R. and Richards, J. F.), Ohio State Univ. Press：Ohio.
〈17〉 Thorndike, L.(1923), *History of Magic and Experimental Science*, **II**, pp. 517–592, Colum-

⟨18⟩ von W. Fischer (1944), Zur 450 Geburtstag Agricola's, des "Vaters der Mineralogie" und Pioniers des Berg- und Hüttenwesens, mit 42 Textabbildungen und einen Beitrag von Fritz Resch, Glauchau, mit einer Stammtafel. *Neues Jahrbuch für Mineralogie, Geologie und Paläontologie* 1944. Monatschrifte Abteilung A. S. 113–225.

⟨19⟩ Wallace, W. A. (1970), Albertus Magnus. *Dictionary of Scientific Biography* (ed. Gillispie, Ch. C.), **1**, Charles Scribner's Sons：New York, pp. 99–103.

⟨20⟩ Weisheipl, J. A., ed. (1980), *Albertus Magnus and the Sciences*, Pontifical Institute of Medieval Studies：Toronto.

⟨21⟩ Wilsdorf, H. (1955), Die Bezüge auf Quellen des Mittelalter. *Georg Agricola—Ausgewählte Werke*, VEB Deutscher Verlag der Wissenschaften：Berlin, **II**, S. 233–241.

⟨22⟩ Wyckoff, D. (1958), Albertus Magnus on ore deposit. *Isis*, **49**, 109–122.

⟨23⟩ Wyckoff, D., ed. (1967), *Albertus Magnus' Book of Minerals*, Oxford Univ. Press：Oxford.

解　説

1. はじめに

　「十二世紀ルネサンス」を引き継ぐ13世紀は，西欧ラテン中世において最も学術文化の栄えた時代であった．自然学の分野においても，その初期には静力学のヨルダヌスらによる釣り合いの研究，また光学についてはベーコンらによる発展など顕著なものがあった[三]．特にアルベルトゥスとほぼ同時代に活躍したイギリスのロジャー・ベーコン（Roger Bacon；1214-94）は，虫眼鏡をつくり，ものを拡大して見せて人々を驚かせ，また凹面鏡による結像などの研究を行い，「驚異博士（Doctor Mirabilis）」と呼ばれた．また彼は，実験と観察の価値を強調したことでも知られており，実験科学の創始者の一人とも目されている[九]．これに対して「普遍博士（Doctor Universalis）」と呼ばれるドイツのアルベルトゥス・マグヌスは，自然学全般，特に博物学の分野において古代ギリシア時代におけるアリストテレスやテオフラストス，古代ローマ時代のプリニウスやディオスコリデスに匹敵する著述家である．12世紀から13世紀にかけて，アリストテレスの「自然学的諸著作（libri　naturales）」がアラビアのアヴェロエスの註釈とともにラテン語訳された．それは従来のラテン中世の世界には存在しなかった，まったく異質な学問体系であった．それに対して正面から向き合って，本格的な研究を開始したのがアルベルトゥスである．彼は，アリストテレスの自然学の再構築を目指して，ラテン語訳された原典に基づいてそれぞれの著作に註釈を施し，かつそれらを翻案して著述をしたが，原典の見当たらないものについては，独自に書き上げた．その中の一つが，この『鉱物論』である．アリストテレスの鉱物に対する見方は，弟子のテオフラストスの『石について』に垣間見ることができる[16]が，彼自身の書いたものとしては，『気象学』の巻末にごく短い記述が遺るのみである．したがって，アルベルトゥスの鉱物学は，古典古代の著作に基づきつつ，さらにアラビア科学の成果——特にアヴィセンナの——を取り入れて書かれたも

のである．また彼は，ベーコンと同様に観察と実験を重視したので，自身による観察や実験の結果をも加味している．そのため，この著作は鉱物界に対して，先蹤の権威者に依拠しつつもアルベルトゥスが独自に築き上げた体系と見なすことができる．

2. アルベルトゥス・マグヌスの生涯

アルベルトゥス・マグヌス（Albertus Magnus；図3）の生涯については，主にゴールドシュミット（Goldschmidt）[4]とウォレス（Wallace）[19]に従って記載する．

彼は，ドイツの南部，ドナウ川のほとりのシュヴェビッシ・バイエルンの町ラウインゲンで，古い名門の一族フォン・ボルシュタット家に生まれた．生年については，1193年，1200年や1206年などの諸説があって確定していない．1223年にドミニコ会修道院に入るためにイタリアのパドゥヴァへ行き，その後1228年から1245年までケルン，ヒルデスハイム，レーゲンスブルクやシュトラースブルクで活動した．1244～45年にはケルンで読師を務めた．そこへ，1245年にトマス・アクィナスが学生としてやってきて，彼に師事した．1245年にはパリで教育活動を始め，1248～54年は修道会総会によって創設されたケルン高等学院（現在のケルン大学の前身）で講師を務めた．彼は社会的にも有名であり，その高潔な人柄から，町の精神的指導者とも父とも仰がれた．ドイツ管区長にも選ばれ，全ドイツから崇拝された．いっぽう，神学上の「異端的な」見解を譴責されて，追放されたこともあったようである．そのために，彼はドイツの中をさまよい歩いたとも言われている．そのときに各地の鉱山などを訪れて，そこで観察

図3　アルベルトゥス・マグヌスの肖像画（大槻，1996）[h]

したことがらや経験したことが『鉱物論』の中にも盛り込まれて，生かされている．

1258年から再びケルンで教え，1260〜62年にはレーゲンスブルクの司祭を務めた．1263年には，ローマ法王の懇請により，トマス・アクィナスやアリストテレスの著作のラテン語訳を改訂した有名なメールベクのウィリアムらとも通功をもった．1264〜66年には，ヴュルツブルクの修道院で研究を行い，1268〜69年にシュトラースブルクで教えた．1269年に余生をケルンで送ることに決めた．

死の直前にパリに旅行して，弟子のトマス・アクィナスの学説を弁護した．1280年11月15日に，ケルンのドミニコ会修道院で亡くなった．後に，法王グレゴリオ XV 世により列福され（1629年），さらにピウス XI 世により列聖された（1931年）．

彼は，博学のために「普遍博士（Doctor Universalis）」と呼ばれた．当時は異端と見なされることが多かったアリストテレスの哲学や自然学の研究を行い，またアラビアのアヴィセンナなどの自然科学的な著作にも学び，それらに基づいて自然学の体系化を目指した．その成果として，古代ギリシアのアリストテレスによる自然学の体系を再構築すべく，それに比肩する自然学に関する多くの著作を遺した．

3. アルベルトゥス・マグヌスの著作

アルベルトゥスの著作は膨大で，この訳書の底本としたBorgnet編集の全集も全38巻からなっているが，1951年以来ケルンで刊行され続けている全集（未完）は全40巻に及ぶという．ここでは，自然学関係の著作についてのみ取り上げる．彼は，アリストテレスの自然学関係の著作について註釈を施したが，『自然学』の最初の部分で，その順序づけを行っている．それを下に示すが，アリストテレスの原典の見当たらないものについては，ギリシア，ヘレニズムやローマの著述家およびアラビア文化圏のアヴィセンナなどに基づきつつ，それに自身の観察や実験の結果も付け加えて新たに書き上げた．

〈自然学関係の著作・註釈〉

『自然学 Physica』

『天体・宇宙論 De caelo et mundi』

『地理学 De natura locorum』

『元素性質論 De causis proprietatum elementorum』

『気象学 Meteora』

『鉱物論 Mineralia』

『霊魂論 De anima』

『生と死について De morte et vita』

『青年と老年について De inventute et senectute』

『栄養と食物について De nutrimento et nutribili』

『睡眠と覚醒について De somno et vigilia』

『感覚と感覚されたものについて De senso et sensato』

『記憶と想起について De memoria et reminiscentia』

『動物運動論 De motibus animalium』

『気息と呼吸について De apiritu et respiratione』

『認識と理性について De intellecta et intelligibili』

『植物論 De vegetabilibus』

『動物論 De animalibus』

　この中で『鉱物論』は，ラテン語の書名としてここに挙げた Mineralia の他に Mineralium や De mineralibus となっているものがあるが，本翻訳の底本とした Borgnet 編集の全集版では，Mineralium である．この全集は四つ折版の全38巻からなり，その第V巻，D. Alberti Magni, "Opera omnia", vol. V, ed. A. Borgnet, Paris, 1890. には『鉱物論 Mineralium, libri quinque』や『霊魂論 De anima』などが収められている．

　この著作が書かれた年代については，正確には分かっていないが，1248年以降であろうとされている．

　日本においては，アルベルトゥスは弟子のトマスに比較して，その研究が格段

に乏しいようであるが，特に自然学関係の著作については西洋中世哲学史家の関心をあまり惹かず，ほとんど研究されていないのが現状である(十一).『鉱物論』については，その簡単な紹介が鉱物・結晶学者の砂川一郎博士によるワイコフ（Wyckoff）女史の英訳に基づいたもの(十四)のみであり，また『動物論』の部分訳が，小松真理子氏によってラテン語原典からなされたもの(十二)だけであると言ってよい．

4. 『鉱物論』の構成

『鉱物論』は，以下の5巻からなり，それぞれが一つから三つの論考（論文；Tractatus）で構成されている．

第Ⅰ巻　鉱物
　論考Ⅰ　石の一般論
　論考Ⅱ　石の偶有性
第Ⅱ巻　宝石とは何か
　論考Ⅰ　石の効能の原因
　論考Ⅱ　宝石とその効能
　論考Ⅲ　石の印像
第Ⅲ巻　金属一般論
　論考Ⅰ　金属の質料
　論考Ⅱ　金属の偶有性
第Ⅳ巻　金属各論
　単一論考
第Ⅴ巻　石と金属の中間のような鉱物
　単一論考

これから分かるように，アルベルトゥスは鉱物界を大きく3つに分類しており，主要には「石」と「金属」であり，その「中間物」が属する部門も設けている．
　この書物の内容は，次のように要約できるであろう．

第Ⅰ巻の論考Ⅰは，石の一般的な性質について，特にその中でも本質的な質料，透明性や産出の場などについて論じている．論考Ⅱにおいては，それらの偶有性，すなわち色，剥離性や緻密さなどについて考察している．第Ⅱ巻は宝石に当てられており，論考Ⅰでは石の効力について論じて，当時まで宝石に関して知られていたことをまとめて記載しているが，著者の意図する主要な目的は，石のもつ医薬的なまた魔術的な効力を示すところにあり，それらの効能について詳しく述べている．アルベルトゥスは，石のもつ効力はその石の中にある霊魂——石にはそれがあることは否定している——によるのではなく，その形相に起因することを主張している．その代表的な例として磁鉄鉱の磁力を挙げている．論考Ⅱでは，宝石をアルファベット順に並べて，古代からの言い伝えや当時の宝石加工の方法などに基づき，また自身の観察事実も入れて，それぞれについて記載している．論考Ⅲでは，石に現れた像について論じている．また石に刻まれた像やその意味するところを述べている．第Ⅲ巻は金属の一般論で，第Ⅰ巻の論考Ⅰと同様に，ここでは金属について，その基本的な性質やその組成に関する当時までの諸説，それらの生成の場などを論じている．論考Ⅱでは，金属の偶有性について，融解と固化，色，展性，味，においや燃焼などを論じている．さらに錬金術との関連で，金属の循環的な生成と相互変換の可能性についても検討を加えており，結論的には，それは可能だとしている．第Ⅳ巻は金属各論であり，7種の金属について，その産状，性質や利用について記載している．最後の第Ⅴ巻は中間物を取り上げ，その特異な性質と個々の物質についての説明である．

　この『鉱物論』は，アグリコラによる鉱物学の体系が現れるまでは，西欧において最も権威ある鉱物に関する書物として大きな影響力をもっていた．

5. 西欧における鉱物界の分類

　本書で取り扱われる「鉱物」とは，自然物を鉱物・植物・動物の三界に区分した「鉱物」界の意味であり，ほぼ天然産の無機物に相当する．因みに現代の狭義の「鉱物」は，「天体の地殻に産する非生物で，ほぼ均質で一定の化学的および物理的性質をもつ物質」[e]と定義されている．「岩石」は鉱物の集合体であり，特に有用な金属鉱物などを含み，鉱山で採掘される岩石を「鉱石」と呼ぶ．金属が

表1 西欧における古代-近代の鉱物の分類 (von W. Fischer, 1944)[18]

アリストテレス	鉱物（掘り出されたもの）			金属（見出されたもの）		
アヴィセンナ		石		鉱石	可燃性鉱物	塩
アルベルトゥス		石（宝石）		鉱石（金属）	中間物	
アグリコラ	土	石		鉱石	可燃性鉱物	塩	混合物
ヴェルナー	土と石			金属	可燃性鉱物	塩

それだけ——例えば，自然金のように——でできているものは，「単体」の鉱物である．

　西欧においても，古くから鉱物界をいくつかの部門に分類することが行われてきたが，その中で古代から近代にかけての鉱物分類の代表的なものをフォン・W・フィッシャー（von W. Fischer）[18]がまとめている．それは表1に見られるようなものである．これから分かるように，アルベルトゥスが従ったアリストテレスは，鉱物界を「掘り出されたもの」と「見出されたもの」とに二大区分をしているだけで，前者には主に岩石や鉱物（現代の分類では）が，後者には主に金属（やその鉱石）が含まれる．アルベルトゥスがしばしば解釈の源泉としているアヴィセンナは，鉱物を4種に分類しており，彼も，ほぼその分類法を踏襲している．しかし，可燃性鉱物はほとんど除外されており，アヴィセンナの塩に相当するものを中間物として，上に述べたような三大分類を行っている．

　中世から近世への過渡期に，鉱山・冶金技術を集大成したアグリコラは，『フォシリアについて』[1]の中で表1に示したような分類を行っているが，これは近代鉱物学の創始者の一人と見なされているヴェルナー[6]によって基本的に受け継がれている．因みに，現代行われている生物の分類・命名法を提唱したリンネ[9]は，鉱物界を岩石・鉱物・採掘物の3つに分類している．

6. アルベルトゥスの分類の特徴

　アルベルトゥスの鉱物界の分類で特徴的なことは，「融ける」金属と「融けない」石とに大きく分けて，両者の中間的な性質をもつものを「中間物」として，三大分類していることである．この分類にはキリスト教の「三位一体」の教義が

影響しているものと考えられる．しかし，表1に見るように，彼の以前と以後の分類においては，中間物としては可燃性の石炭や瀝青などが代表的なものとされている．ところが，彼の分類では，基本的にこれらは排除されている．その理由についてはどこにも明示されていないが，想像するところ，これらのように燃えてなくなるような物質は，恒久的な存在としての「鉱物」には該当せず，『鉱物論』の対象とは見なされなかったためかも知れない．

7. 鉱物の質料と形成

鉱物を構成する物質については，アルベルトゥスは古代ギリシア以来の四元素説に基づいて鉱物論を展開している．すなわち，あらゆるものは「火」(ignis)，「(空)気」(aer)，「水」(aqua)と「土」(terra)である．また，ものの性質は，それらの元素の組み合わせで決まり，それは図2に示した通りである（p.155参照）．したがって，鉱物のもつ性質（本性）は，この四元素の構成比によって基本的に決まっている．それ以外の性質（偶有性）は，その鉱物の生成した場所の地理的な位置や環境によって，後天的に付与されている．

これらの元素の結合や混合の仕方が，基本的にそれらを分類する基準となっている．例えば，石は**土**と**水**でできており，金属はさらにこれらの四元素から構成される**水銀**と**硫黄**からなるとする．この金属についての説はアリストテレスのものではなく，アヴィセンナを通して知ったアラビアの錬金術の考え方である．さらに，石と金属との中間的な性質をもつものもあるとする．

因みにアリストテレスの考えによれば，さまざまな異なる物質は，四元素と「熱」「冷」「乾」「湿」の四性質の組み合わせで生じる．例えば，塩のように熱によって固まる物質は**土**からなり，氷や霰のように冷却によって固まるものは**水**からなるとする．**土**と**水**の両者の元素からなるものは，熱と湿気が両方とも少なくなることによって固まる．これが鉱物であるという．

鉱物を成長させる力としては，アヴィセンナの「鉱物化力」を導入している．鉱物にもその固有の形相を形づくる力があり，その力は星の動きを通して天からもたらされる．この力は，物質の性質と場所に応じて異なっており，それぞれのところで特有の形相をもった鉱物が造られる．ここで，アルベルトゥスは動物の

種からの類推を使って，鉱物にも固有の形相があることを説いている．例えば，犬の親からは犬の子しか生まれないように，鉱物にもその形相をつくる特定の力があるとする．特定の時と場所によって，その造られる鉱物の形相は決まる．

　鉱物の中でも，「石」はそれを他の石に変換することが困難であるため，互いに位置を変えることのない天の恒星に，その形成力を帰している．いっぽう，金属は錬金術の操作によって変換が可能であるために，「どこか惑星に似たところ」があって，その数も7惑星に対応させて7種類とする．

8. 石（狭義の鉱物）の構成と性質

　アルベルトゥスが本書で最も力を入れて記載し，論じているのが言うまでもなく「石」であるが，現代の目で見れば本当の石（岩石）よりも，鉱物の方に重点が置かれている．岩石は鉱物の集合体であり，特に岩石を構成する鉱物を造岩鉱物と呼ぶが，本書ではむしろそれ以外の鉱物で宝石や貴石となるものが主に記載されている．また動物の巣や体内から採れる石もあって，中には「いかがわしい」ものもあり，それが具体的に何であるのか同定するのが困難な場合もある．宝石として記載されている鉱物や岩石で，その名称が現在知られている鉱物や岩石名と一致する場合もあるが，現代とは異なる鉱物を指しているとか，見かけの良く似た複数の鉱物種を一括して同種に含めていることの方が多い．記載された性質だけからでは，それがいかなる鉱物種であるかを判断できないものもいくつかある．訳註においては，可能な範囲内で現代の目で見て，色や形などの性質，産地，産状などから同定できるものについては，その鉱物種が何であると考えられるかを示しておいた．ワイコフ[23]は，これらの記載されている鉱物・岩石・鉱石などを，現代の地質学的・鉱物学的な基準に照らし合わせて分類・同定し直した．その結果では，変種名を含めて鉱物の種類は全部で75種，金属が34種（単体の金属，合金や鉱石）で岩石が28種であるという．これら全部を合わせても150種足らずである．

　宝石の記載については，ローマ時代以来の伝統に則って，アルファベット順に行っている．典拠の一つとなっているプリニウスの『博物誌』[十六]を見ると，その最終巻である第37巻『宝石』においては，最初に色によって宝石を分類・記載

してから，その他の残りのものについて，アルファベット順に記述されている．さらに，動物や植物に因んで名づけられた石であるとか，新たに発見された石であるとかの別のカテゴリーに基づいた分類・記載もあり，アルベルトゥスの記載法の方がより簡略化され統一化されている．しかし，記載内容を見ると，プリニウスからのほとんど丸写しに近い個所（例えば，ドラコニーテスやイリスなど）が多々あるが，多くの場合に自身で独自に得た情報も付け加えられている．

アルベルトゥスが本書で強調したかったことは，宝石のもつ護符としての神秘的な力や「魔力」，またその薬効についてであるらしい．天の高貴さが，地上の石にある種の超自然的な作用を及ぼして，人がそれを身に着けるとそのはたらきが発現するという．後世の西欧世界においても，石の医薬的効能についての探究が続いた[3]が，それがパラケルススの医化学の創始にも影響を与えたと言われている．その源泉の一つが，この『鉱物論』ということになるであろう．

9. 金属について

アルベルトゥスの金属論は，アラビアの錬金術的な色合いが濃く出ている[10]．アヴィセンナを通して知った金属の硫黄-水銀説によって，全体を整合的に説明している．そもそも金属を占星術の7惑星に対応させて，それが7種類しかないとしていることが，その最も象徴的な表れである．7惑星と7金属との対応・照応関係は5～7世紀のローマ世界で定着したものであるが，すでに紀元前1500年前後に，太陽-金，月-銀を初めとした天界の惑星と地中の金属とを照応させていたことはバビロニアの粘土板文書に見られる．金属が恒星ではなく，惑星に対応させられるのは，それらが変換可能で，恒常性のないことにあるという（表2）．

石が主に**土**と**水**からなる，単なる混合物であるのに対して，金属は一段上の混合物であり，石よりはより「洗練された」ものであるという．なぜならば，それは元素から構成される**硫黄**と**水銀**が，さらに混合してできていると考えているた

表2 7惑星と7金属との対応関係

金	銀	水銀	鉛	錫	鉄	銅
☉	☽	☿	♄	♃	♂	♀
太陽	月	水星	土星	木星	火星	金星

めである．この見方は，金属は元素そのもの（単体）であるのに対して，ほとんどの鉱物はいく種類かの元素の化合物であり，さらに岩石は鉱物の集合体であるという，現代の科学的な事実とは逆である．しかしながら，アルベルトゥスは『鉱物論』の全体を通して，この枠組みの中で議論を展開しており，それはまたほとんど矛盾のない論理体系をなしている．金属が石の後で取り扱われているのは，それが常に石の中から産するためだという．

　水銀は**水**（流動性）と**土**（重い）よりなるが，**硫黄**は四元素の性質をすべてもっている．すなわち，その蒸気は熱く刺激的（**火性**）で，可燃性（**気性**）があり，融け易く（**水性**），また固体では乾いていて脆い（**土性**）．そのため，**硫黄**はそれを含む混合物にさまざまな性質を付与することができる．それぞれの金属は，それを構成する**硫黄**と**水銀**の割合，純度と混ざり具合によって説明できる．例えば鉛は融点が低いが，それはより多くの**水銀**を含むからで，容易に火でカルックスに，酢でケルサになるのは，**水銀**が**土性**であって**硫黄**と十分に混合していないからだという．鉄に至っては，より一層混合の程度が低く，多量の**土**を含むために自然に錆びてしまうという．実際に鉄を精錬するに当たって，それを融解するのは大変困難であり，それはごくわずかしか**水銀**を含まないためである．金は最も純粋で，最良の**水銀**と**硫黄**が理想的な割合で完全に混合している．この金属組成論は，その鉱石を精錬する場合にはっきりと証明され，熱すると過剰な**硫黄**は刺激的な蒸気として逃げ出し，精製されて融けた金属は**水銀**の存在を示しているという．冷えると，その金属に固有の割合で**硫黄**が残る．

　金属の鉱石は，もともと地下の深部にあった**硫黄**と**水銀**からできたと，アルベルトゥスは考えている．それらが混合して，石の中に生じる過程は，アリストテレスの『気象学』第III巻の最後のところで簡単に触れられている2種類の発散気によるという説と，冶金術に基づいて解釈されている．アリストテレスの2種類の発散気は，それぞれ**硫黄**と**水銀**に比定されている．それらが蒸気として岩の割れ目や空隙に入り込み，地下の熱のはたらきで鉱石になるという．冶金術では，溶鉱炉で鉱滓が浮き上がり，金属が下に集まるような事実から，金属は土や石と分離しながらも，それらの中に産することが類推できる．

　錬金術では，「自然に倣えば」金属の変換は原理的に可能であるが，昇華や煆

焼などの操作は自然に行われていることを忠実に再現しなければならない．しかし実際に錬金術師の実行しているのは不完全な自然の模倣であって，そのために造られた金はほとんどの場合，贋物であるという．

10. 中間物について

アルベルトゥスの中間物の特徴で最も大切なことは，「融ける」金属と「融けない」石との中間的な性質をもつことである．それらは，石の質料と融けるものまたは金属の質料とが，蒸気の状態で混合してできたものだという．自然は，すべての物体にあらゆる潜在能力を付与しているが，中間物においては，それらが極端な形で顕れていない．また，中間物は，「ホメオメロウスで組織化されておらず，生きていない混合物」である．その固有の形相が不完全であることが特徴であって，そのため何にでも変換可能であるという．そこで，中間物は両極端（石と金属）のどちらにでもなる可能性を秘めており，石にも変換できるはずであるが，金属に変換することのみを論じている．これは，錬金術に見られるように，相互変換は金属においては可能であるが，石ではできないと考えたためであろう．中間物に潜在的に備わった一方の極端なものの力を，他方のそれに凌駕させれば，一方のものに変換できるというので，それは技術によっても可能だとしている．したがって，物質の変換は原理的に可能ということになる．

11. アルベルトゥスの『鉱物論』に対する評価

この書物については，近代の鉱物学を準備した偉大な貢献であると高く評価する研究者[20]のある一方で，ほとんど独創性が見られず，当時知られていた事柄を羅列しただけという批判もある．特にヴィルスドルフ（Wilsdorf）[21]は，次の3点においてこの書物の欠点を指摘している：1) 観察が十分になされていない．2) 優れた先達たち——とりわけアラビア科学の——の著作が綿密にかつ十分に研究されていない．3) 金属に関しては，錬金術師という信頼のおけない人々の説に依拠している．また，石（岩石）の記載に関しては，産状の地質学的な解釈がほとんど見られず，その点においては師と仰ぐアヴィセンナの著述にはるかに及ばないという指摘もある[11]．石，鉱物や鉱石について個別の記載はあっても，

それら相互の関係や産出する場所の地質学的な背景については，記載に乏しく，伝聞に頼っているなどのきらいがある．その産出する地質学的な環境から切り離して，これらの研究を行うことが現代においても間々あるが，それは「サンプル岩石学または鉱物学」（または「標本室岩石学・鉱物学」；armchair geology, cabinet petrology）と揶揄されることがある．しかし，現代と 13 世紀とでは学問——特に自然（科）学の——あり様は大きく異なっており，Borgnet 編集版の「編集者あとがき」でも指摘されているように，当時の知識人に対して，このような期待を抱くことは，所詮は無理なことであって，生の自然物や現象を自分の目で観察したことやわずかながらも実験を行ったという点を高く評価すべきではなかろうか．

　筆者は，キリスト教神学や西洋中世哲学についてはまったくの門外漢であるが，中世哲学研究の大家エティエンヌ・ジルソンが『中世哲学の精神』[十三]の中で，アルベルトゥスについて次のように指摘していることに興味を覚える．アルベルトゥスは，魂の形相と質料の問題をめぐって，プラトン説とアリストテレス説を「安易に」折衷したという．彼の『鉱物論』においても，鉱物の成因に関して彼以前の権威者——特にアリストテレスとアヴィセンナ——の説を巧みに折衷して立論している箇所をいくつか指摘できる．折衷は彼の「十八番」であろうか．

12. おわりに

　神学，哲学および自然学など多方面にわたり関心をもち，膨大な著作を遺して「普遍博士」と呼ばれたアルベルトゥスは，後世においては弟子のトマス・アクィナスにより大成されるアリストテレス的スコラ哲学の創始者と見なされた．しかし，コプルストン[十]によれば，後の無味乾燥なスコラ的アリストテレス主義は彼のものではなく，「この偉大なギリシア哲学者［アリストテレス］の探究心，科学に対する関心」などへの共感が無視されたものであった．そこでコプルストンは，「十三世紀をこのように見るのは時代錯誤の誤りを犯す」ことになり，「後のアリストテレス主義者の態度は聖アルベルトゥスの態度ではない」と指摘している．アルベルトゥスは，アヴェロエスなどの著作のラテン語訳を通して知った古典古代の哲学者・科学者，特にアリストテレスの体系，またアラビアの科学者・

哲学者による著作の中に，西欧ラテン中世のキリスト教世界が受け継ぐべき宝を見出し，それら欠落していたものを移入しようと意図した．彼の自然学に関する著作もその一環をなすものであり，自身による観察や実験の成果をそれらの著作に盛り込もうという態度は，アリストテレスのそれに通ずるものであろう．また彼は，自然現象はその原因を自然そのものの中に求めるべきであって，安易に神の奇蹟に助けを求めるような態度を戒めて，次のように述べている．「科学においてわれわれは，創造者たる神がその自由意志によって，奇蹟のために造り出したものをいかに用いるであろうかを研究すべきではなく，自然に内在する原因を根拠として自然の中に起こりうることを研究すべきである．」(『天体・宇宙論』第Ⅰ巻)⁽三⁾．このように彼は，自然の原因をそれ自身の中に求めるという近代科学に通じる立場から自然の研究を行った．彼の経験科学への傾倒を示す一つの証が，この『鉱物論』である．上に指摘したように，古くからの多くの誤った事項をそのまま記載するとか，また荒唐無稽な言い伝えや迷信を無批判に受け容れているなど大いに批判されるべき点はあるとしても，この著作が13世紀の西欧ラテン世界における経験科学の精華を代表するものの一つと見ることに，誰しも異存はないであろう．

編訳者あとがき

　アルベルトゥス・マグヌスの『鉱物論』をラテン語原典で読もうと思い立ったのは，かれこれ四半世紀も以前のことである．ワイコフ女史による英訳のあることは，京都大学で地質学鉱物学専攻の大学院生であったころから知っていたが，大学院を出て，関西のある私立大学で「科学史」を担当していたときに，本格的に勉強してみようと思った．その後，現在の勤務先である愛知大学に赴任して，主に「地学」（現在の科目名は「地球の科学」）を担当し，現在に至っているが，人文社会科学系の大学のこととて，実験設備や器具は皆無に近く，それまで通りに岩石学の研究を続けることは到底のこと不可能であった（外部の研究者には，私の研究室を見て，このような貧弱な研究条件で岩石学の研究を行うことはほとんど不可能と映るようである．そのような劣悪な条件下でも，かなりの研究成果を挙げることができたと自負しているが，これはひとえに研究を続けようという強い意志を持ち続けたことと，友人の暖かい援助の賜物であると，感謝している）．そのために，科学史の研究にも力を入れることにして，二足の草鞋を履いて今日まで歩んできた．原典を読むためには，まずラテン語を習得せねばならず，独学でコツコツとやっていたが，時間ばかり経って，なかなか進歩しなかった．しかし，努力の甲斐あって，何とか解読できる程度のレベルには達することができた．

　ラテン語原典を探していたところ，スコラ哲学専攻の緒方利摩教授（現在は名誉教授）が愛知大学の同僚となり，アルベルトゥスの全集（Borgnet編集版）が京都大学文学部西洋中世哲学史研究室に所蔵されていることを教えてくれた．当時講座を担当していた山本耕平教授（現在は名誉教授）にコピーを依頼して，ようやくのこと原典を手に入れることができた．書かれている内容は，専門（岩石学）に近いことであるから，どのような事物や現象に基づいて記述しているのかピンピンと類推がつき，翻訳は思いのほか愉しみながらスムーズに進めることが

できた．この際，ワイコフの英訳とゴールドシュミットの独訳（部分訳）が大いに参考になったのは言うまでもない．

　特に1992年に岩石学の論文が国際誌に受理されて，そちらの方は一区切りついたという想いから，その後2年間ばかり集中的に翻訳に取り組んだ．したがって，この翻訳は基本的には10年近く前にでき上がっていたものであるが，なかなか出版しようという気にはならず，その間ヴェルナーやゲーテの地質学鉱物学研究やアグリコラをつっついていたが，はかばかしい成果を挙げられずにしまった．還暦も近づいたので，これまでの貧しい研究成果をまとめておきたいという想いにかられ，40年近くに及ぶ研究生活で何かまとまったものはないかと顧みたところ，やはりこのアルベルトゥスの翻訳が最も適当であろうという結論に達した．これについて大学の研究紀要に書いたものや，科学史学会で発表したものを再構成し，また若干の加筆を施して「註」と「解説」として翻訳と併せて，昨年中に一応かたちを整えることができた．幸い愛知大学にも出版助成制度があり，それに申請して認められたので，ここに拙い翻訳が日の目を見ることができた．

　本訳書を上梓するに当たり，朝倉書店編集部は，訳文を仔細に検討して，訳者に有益な助言を与えてくれた．これによって，訳者の思い違いを訂正することができ，文章も読み易く，簡潔なものにすることができた．編集部のご厚意と尽力に対し篤くお礼を申し上げる．

　本書は，2004年度愛知大学学術図書出版助成金による刊行図書である．助成金を供与された愛知大学当局並に審査に当たられた出版助成委員会に感謝する．

人名索引

ア 行

アヴィセンナ（Avicenna） 1
アヴェロエス（Averroes） 93, 165
アウグストゥス・オクタヴィアヌス 64
アキレウス 82
アグリコラ（Agricola） 171
アナクサゴラス（Anaxagorās） 104
アプレイウス（Apleius） 37
アポロ 79
アリストテレス（Aristotelēs） 1
アルキデス 55
アレクサンドロス（Alexandros） 64
アーロン（Aaron） 2
アンドロメダ 81

イシドルス 69

ヴェルナー（Werner） 171

エワックス（Evax） 2
エンペドクレス（Empedoklēs） 9, 93

カ 行

カシオペイア 81
カスティリヤの王 73
カリステネス（Callistenes） 102
ガレノス（Galēnos） 86

クスター・イブン・ルーカー（Qustā ibn Lūqā） 159

ゲーベル、セヴィリアの（Geber） 76
ゲルマ 76

コスタ・ベン・ルカ 48

コプルストン 177

サ 行

サービット・イブン・クッラ（Thābit ibn Qurra） 76, 159
ジャービル・イブン・ハイヤーン 159
ジュピター 82
ジルソン、エティエンヌ 177
ゼノン（Zēnōn） 83
セベス 50
ソクラテス（Sōkratēs） 84

タ 行

ダミゲロン（Damigeron） 154
ディオスコリデス（Dioskoridēs） 2
テオフラストス（Theophrastos） 154, 165
デモクリトス（Dēmokritos） 9
トマス・アクィナス（Thomas Aquinas） 166

ハ 行

ハーゼン 93
パラケルスス（Paracelsus） 174
ピュロス（Pyrrhos） 79
プトレマイオス（Ptolemaios） 40
プラトン（Platōn） 11, 37
フリードリッヒ皇帝（Friedrich II） 15
プリニウス 2
ベーコン、ロジャー（Roger Bacon） 165

ベーダ　59
ヘラクレス　55
ペルセウス　83
ヘルメス・トリスメギストス（Hermēs Trismegistos）　2
ベレロフォーン　81
ベンチェラス　50

マ 行

マギー　76
マホメット　80

ミューズ　79

ムサ　79

ムハンマド　80

モーセ　79

ヤ, ラ, ワ 行

ユピテル　82

ヨアンネス，ダマスカスの（Iōannēs Damascene）　35
ヨセフス（Flavius Josephs）　2

リンネ（Linné）　171

ワイコフ（Wyckoff）　169

事項索引

ア 行

アウリピグメントゥム 54
アカガネ山 122
アガーテス 44
アクァティクス 23,56
アクィラエ 51
アクィレウス 51
悪魔 50
アケロス川 55
味 118
アスーリエ 148
アダマス 23,43
アデストゥルム 151
アトラメントゥム 142,148
アプシントゥス 44
アフロン 84
アベストン 43
アマルガム 70
アマンディヌス 45
アメシスト 156
アメティストゥス 25,45
アモンの塩 118,147
アラウル 37
アラバスター 14
アラビア 44
アラマンディナ 45
霰 53
アルカカントゥム 149
アルカディディス 148
アルガラ 70
アルコール 148
アルゴン［座］ 82
アルセニクム 54
アルテル 128
『アルマゲスト』 156

アルマンディン 156
アルメニア 151
アルメニア石 65
アレクテリウス 45
アンスラックス 47
アンドロマンタ 45
アンモナイト 157

硫黄 2,17,89
医化学 174
『医学典範』 154
イーグル・ストーン 51
石 1
　——の効能 33
　——の像 72
『石について』 154,165
イスクストス 57
イスラエルの子ら 79
イデア 37
緯度 78
犬座 83
胃の痛み 59
イリス 23,57
印像 72
インド 44
インド塩 147
インド・トゥティア 152

ウァラック 70
ヴィオラケウス 56
ウィリテス 70
ウェストファリア 140
ヴェニス 72
ウェルニックス 70
魚座 80
浮彫り 72

兎座 82
『宇宙論』 29
ウニ 157
海蛇座 82

エキテス 51
エクサコリトゥス 53
エクサコンタリトゥス 53
エチオピア 49,59
エチオピア人 74
エチンドロス 53
エティカ 80
エーテル 19
エピストリテス 53
エフェソス 45
エマティテス 53
エメラルド 158
エメリー 85
エリオトロピア 52
エリキサ 2,90
　赤い—— 141
エルベ川 108
エレクトラム 69,152
エロディアリス 51
エワックス 70
燕石 48
塩泉 148
鉛白 94

牡牛座 80
黄色胆汁 118
黄疸 59,61
黄鉄鉱 156
凹面鏡 69
大熊座 81
オオヤマネコ 59

オカルト 88
お産 58
牡鹿座 83
乙女座 80
オニキヌス 25
オニチャ 62
オニチュルス 62
オニックス 62
オパール 157
牡羊座 100
オピティストライト 86
オフサルミア 63
オフサルムス 63
オプテシス 26
オリオン［座］ 83
オリステス 63
オルファヌス 25,63
雄鶏 65
雄鶏石 45

カ行

海塩 140,147
会合 74
疥癬 55
海綿 101
潰瘍 53
ガガーテス 54
ガガトロニカ 55
カカブレ 58
鏡石 68
カカモン 58
牡蠣 61,73
カササギ 15
賢い封塗料 140
火質の三宮 79
下肢の痙攣 129
煆焼 7
カドミア 152
カドモスの土 160
蟹座 80
『カノン』 154
カブラテス 58
カーブンクルス 23,47
ガラス 60
カラミナ 136
ガラリキデス 55
ガラリクティデス 55
狩座 83
軽石 3,13

カルカファノス 47
カルケドニウス 47
『感覚論』 22
関係したものの接合 139
乾性 4,93
岩石 170
かんらん石 55,157

気 6
貴金属 102
気質の三宮 79
『気象学』 1
黄水晶 157,158
キプロス 44
『旧約聖書』 154
驚異博士 165
響岩 156
凝固 96
共調 139
巨蟹宮 80
玉髄 19
　　緑青色の―― 158
金 88
　　――の結合剤 152
銀 88
金牛宮 80
金星 82,83
金属 1
金糞 108
金緑石 157

クァンドロス 65
クィリティア 65
偶有性 2
苦灰石 157
クサノオウ 48
孔雀石 61,158
鯨座 82
グラナトゥス 24,56
クラボディナック 46
グラマータ 58
クリスタルス 4,49
クリセレクトゥルム 50
クリソパギオン 50
クリソパス 49
クリソプラスス 24
クリソプラース 156,157
クリソベリル 157
クリソリトゥス 24,49

グリフィン 68
クレタ島 44
黒雲母 158

鶏冠石 89,157
『形而上学』 89
形成因 20
形相 2
ケゴリテス 48
ゲコリトゥス 55
結合体 1
結紮 80
『結紮と懸吊』 35
血石 52
月長石 158
解毒作用 33
ケラウルム 47
ゲラキデム 55
下痢 59,61
ケリドニウス 48
ケルサ 129
ケルン高等学院 166
ケルンの三博士の聖堂 74
ゲロシア 55
ケロンテス 48
賢者の石 154
『元素性質論』 49
ケンタウロス座 82
懸吊 80

コイン 140
硬化 97
鋼玉 157
紅玉髄 45,66
恒星 100
虹石 57
鉱石 170
コウソン 80
光沢 116
鉱夫 123
鉱物 170
鉱物形成力 8
氷 18
呼吸困難 61
黒玉 54
黒玉炭 157
黒色胆汁 35
小熊座 81
ゴスラー 109,151

事項索引

ゴスララライト　160
ゴチアの泉　15
琥珀　157
護符　53
『護符論』　57
コラルス　48
コランダム　157
ゴルゴン　31
コルネオラ　25
コルネリウス　49
コルネロス　49
コールバッハ　140
混合物　1

サ　行

祭壇座　82
酢酸鉛　160
酢酸銀　160
酢石　85
サグダ　66
柘榴石　24
砂州　66
蠍座　80
サッキヌス　69
サードニケム　66
サードニックス　66
サファイヤ　157
サフィルス　13, 24, 38, 65
サボトゥス　85
サミウス　67
サモス島　67
サラマンダーの羽　57
サルコファギ　66
サルコファグス　66
サルディス　66
サルディスス　62, 66
サルド　66
珊瑚　48
三葉虫　158

痔　69
塩　89, 147
ジオード　158
ジグリテス　70
止血性　53
獅子宮　80
磁石　34
『自然学』　3
自然学的諸著作　165

『自然について』　155
『自然のこと』　83
自然魔術　59
シチア　68
漆喰　30
湿気　93
湿性　93
質料　2
質料因　20
磁鉄鉱　156
縞瑪瑙　25
獣帯　77
十二世紀ルネサンス　165
収斂性　148
酒石　143
出血　61
受動因　36
純金　88
純銀　88
春分点　78
昇華　54
昇交点　78
硝石　158
鍾乳石　26, 158
小年　78
処女宮　80
処女のミルク　75, 149
シラミ　128
シリア　69
シリテス　66
ジルコンの一種　157
シルス　13, 69
シルティテス　66
シレジア　108
シレニーテス　67
白雲母　158
辰砂　49
真珠　60
真珠母　156
心臓の拍動　134
心臓発作　61
『身体の結紮』　84
真鍮　119
人馬宮　80

酢　118
水眼　120
水銀　3, 44, 89
水質　56

————の三宮　79
水腫　54
水晶　4
水性　23, 132
水星　82
スウェービのアラマニア　51
数学　80
スクッドゥス　152
スコットランド　59
錫　88
スピネル　156
スプーマ・マリス　86
スペイン　47
スペキュラリス　68
スマラグドゥス　13, 24, 67
スレート　123
スワビア　51

星位の高度　78
聖遺物匣　82
西欧ラテン中世　165
生気　3
生気熱　90
星座　77
精神病　69
『生成消滅論』　21
生石灰　30
西方風　78
清明度　24
咳　64
赤緯　78
石質の山　15
石筍　158
石炭　15
石灰華　158
赤経　78
石膏　57, 158
ゼメック　70
潜在性　104
占星術　40
喘息　49
疝痛　53

創意　38
双魚宮　80
双児宮　80
『像の芸術』　80
ソーダ石　158
卒倒　61

タ 行

第一性質 36
『第一哲学』 39
第一動者 38
耐火綿 43
大年 78
太陽の赤 141
大理石 13, 26
「卓越したもの」 104
多孔質 21
単純薬物 35
男性的な力 138
単体 171
胆礬 158

地相観 77
地中海 148
緻密 21
チャルダエア 85
中間物 1
『中世哲学の精神』 177
中年 78
『治癒の書』 154
彫刻針 75
「調整中」〔の金属〕 101
チョーク 27
『地理学』 16, 79

痛風 61
ツェルフ 118
ツォロン 84
月 94
　──の石 67
　──の白 141
月貝 5
土 3
ツノガイ 73
燕草 48

ディアコドス 50
ディアモン 50
ディオニシア 51
『ティマイオス』 100
鉄 88
『哲学者の石』 93
鉄礬柘榴石 156
デーモン 50
テュロス 56

天蝎宮 80
癲癇 52
電気石 157
天球 99
展性 115
天体の配置 77
天の物質 19
天秤宮 80
天秤座 80

ドイツ 47, 51
銅 88
銅鉱石 122
銅鉱脈 68
銅山 122
トゥティア 137, 152
銅礬 137
トゥファ 13
東方風 78
透明性 5, 23
トゥルコイス 69
融ける物質 89
土質 5
　──の三宮 78
土性 132
土星 81
ドナティデス 65
トパシオン 24, 69
トパシス 69
トパーズ 158
ドミニコ会修道院 166
「吃る」混合物 93
ドラコニーテス 51
トルコ石 69
トログロディテス 59

ナ 行

ナイル川 55
『7つ〔12〕の水』 19
7惑星 99
ナフサ 85
ナフサ塩 147
ナマコ 101
鉛 88
南方風 78

におい 118
ニコマール 62
ニトルム 61, 151

──の泡 152
──の華 152
ニトレア島 151
乳石 55
尿砂 43
ニンニク 60
妊婦 69

ヌサエ 62

猫目石 157
年 78

濃厚化 101
能動因 8, 36
膿瘍 33, 34

ハ 行

灰 95
ハイエナ 56
焙焼 108
灰吹法 160
『博物誌』 2
白羊宮 80
剥離性 28
禿鷹 65
ハッカ 64
醗酵乳 121
発散気 110
馬糞釜 111
バラギウス 46
バラチウス 38
バラティウス 24, 46
ハンガリー 147
斑岩 14
パンセラ 25
パンセルス 63

火 6
ヒアキントゥス 56
光の石 151
墓石 19
卑金属 102
ヒスイ 157
砒素 150
非剥離性 28
『秘密の書』 94
『秘密の秘密の書』 7
ひも状〔の銀〕 135

ヒヤシンス 157
ピュタゴラス学派 34
ヒュマヌス 64
雹 53
「病気」でない金属 138
ヒヨコマメ 121
ピロフィルス 64

ファルコネス 54
フィラクテリウム 54
『フォシリアについて』 171
フジツボ 158
「付随したもの」 104
双子座 80
不妊 58
普遍博士 165
フライベルク 109
プラシウス 64
プラシウム 64
フランコニア州 59
フランス 61
フランドル 61, 147
フリーストーン 26
ブリタニア 54, 68
フリット 95
フリント 5, 26
ブレーズ 158
プロヴァンス地方 65

ペガサス 80
劈開性 149
碧玉 157
ベケット 73
ペパンシス 138
蛇 73
蛇遣座 81
『蛇の性質』 64
ヘラクレスの星座 81
ヘラクレスの柱 57
ベラニテス 64
ヘリオトロープ 52
ベリセ 64, 70
ベリドニウス 64
ペリパトス派 36
ベリル 156
ベリルス 4, 46
ペルシア 67
ペルセウス座 100
『ヘルメス文書』 154

『変身譜』 156
『弁論』 156
方解石 157
膀胱 53
硼砂 156
『宝石』 84
放蕩 58
宝瓶宮 80
母岩 123
星の運動 76
星の配置 76
ボゾン 83
北海 147
北方風 78
ボヘミア王国 140
ホメオメロウス 148
ボーラック 151
ボラックス 46
「掘り出されたもの」 171

マ 行

埋葬 111
磨羯宮 80
マグネシア 60
マグネス 59
マグネテス 59
マグノシア 60
マケドニア 64
魔術師 44
マーチャシータ 1, 60, 150
マルガリータ 60
マルセイユ 48

「見出されたもの」 171
水 3
水瓶座 80, 83
水ヒヤシンス 56
密陀僧 75
ミニウム 49
明礬 1, 149
　湿った── 149
　丸い── 149
ミレットの粒 130

無煙炭 156
紫水晶 156

メディウス 61
メデスの国 61

メロキテス 61
メロニーテス 61
メンフィス 61
メンフィテス 61

木灰汁 118
木星 81
モーゼル川 61

ヤ 行

山羊座 80
山羊の血 43
冶金技師 123
『薬物誌』 154
ヤスピス 58
ヤツガシラ 65

雄黄 17, 150, 157
ユダヤ石 58
『ユダヤ戦史』 154
ユーフラテス川 64

「容器」 123
四体液説 159
『四部書』 40

ラ 行

ラダイム 65
ラテン語 73
ラピスラズリ 70, 158
ラマイ 65
ランビキ 7
ランブラ 69

離角 78
リグリュス 59
リサージ 134
リッパレス 59
リビア 47
竜座 81
竜の血 70
緑石英 66
緑柱石 56, 156, 158

ルビー 25, 156
ルビヌス 25
ル・ブイ 65

霊魂 3

『霊魂論』 9
瀝青 59, 85
レスボス島 29
煉瓦 30
錬金術 5
錬金術師 2

『錬金術［についてハーゼンに宛てた書簡］』 93
レンネット剤 129

六十石 53
緑青 137

ワ 行

ワイン石 85
ワインの香り 51
ワインの臭気 51
鷲 51

編訳者略歴

沓 掛 俊 夫（くつかけ・としお）

1945 年　長野県に生まれる
1972 年　京都大学大学院理学研究科博士課程修了
現　在　愛知大学経済学部教授
　　　　理学博士
著　書　『地球史入門』（産業図書，1995）
　　　　『科学の歴史 15 講』（開成出版，1996）他

科学史ライブラリー
アルベルトゥス・マグヌス　鉱物論　　　定価はカバーに表示

2004 年 12 月 10 日　初版第 1 刷

編訳者　沓　掛　俊　夫
発行者　朝　倉　邦　造
発行所　株式会社　朝　倉　書　店

東京都新宿区新小川町 6-29
郵便番号　１６２-８７０７
電　話　０３（３２６０）０１４１
FAX　０３（３２６０）０１８０
http：//www.asakura.co.jp

〈検印省略〉

Ⓒ 2004〈無断複写・転載を禁ず〉　　　新日本印刷・渡辺製本
ISBN 4-254-10582-7　C 3340　　　　　Printed in Japan

堆積学研究会編

堆 積 学 辞 典

16034-8　C3544　　　B 5 判 480頁 本体24000円

地質学の基礎分野として発展著しい堆積学に関する基本的事項からシーケンス層序学などの先端的分野にいたるまで重要な用語4000項目について第一線の研究者が解説し，五十音順に配列した最新の実用辞典。収録項目には堆積分野のほか，各種層序学，物性，環境地質，資源地質，水理，海洋水系，海洋地質，生態，プレートテクトニクス，火山噴出物，主要な人名・地層名・学史を含み，重要な術語にはできるだけ参考文献を挙げた。さらに巻末には詳しい索引を付した

早大坂　幸恭監訳

オックスフォード辞典シリーズ
オックスフォード 地球科学辞典

16043-7　C3544　　　A 5 判 720頁 本体15000円

定評あるオックスフォードの辞典シリーズの一冊"Earth Science (New Edition)"の翻訳。項目は五十音配列とし読者の便宜を図った。広範な「地球科学」の学問分野——地質学，天文学，惑星科学，気候学，気象学，応用地質学，地球化学，地形学，地球物理学，水文学，鉱物学，岩石学，古生物学，古生態学，堆積学，土壌学，構造地質学，テクトニクス，火山学などから約6000の術語を選定し，信頼のおける定義・意味を記述した。新版では特に惑星探査，石油探査における術語が追加された

◆ 古生物の科学〈全5巻〉 ◆
古生物学の視野を広げ，レベルアップを成し遂げる

前東大 速水　格・前東北大 森　啓編
古生物の科学 1
古 生 物 の 総 説・分 類
16641-9　C3344　　B 5 判 264頁 本体12000円

科学的理論・技術の発展に伴い変貌し，多様化した古生物学を平易に解説。〔内容〕古生物学の研究・略史／分類学の原理・方法／モネラ界／原生生物界／海綿動物門／古杯動物門／刺胞動物門／腕足動物門／軟体動物門／節足動物門／他

東大 棚部一成・前東北大 森　啓編
古生物の科学 2
古 生 物 の 形 態 と 解 析
16642-7　C3344　　B 5 判 232頁 本体10000円

化石の形態の計測とその解析から，生物の進化や形態形成等を読み解く方法を紹介。〔内容〕相同性とは何か／形態進化の発生的側面／形態測定学／成長の規則と形の形成／構成形態学／理論形態学／バイオメカニクス／時間を担う形態

前静岡大 池谷仙之・東大 棚部一成編
古生物の科学 3
古 生 物 の 生 活 史
16643-5　C3344　　B 5 判 292頁 本体13000円

古生物の多種多様な生活史を，最新の研究例から具体的に解説。〔内容〕生殖(性比・性差)／繁殖と発生／成長(絶対成長・相対成長・個体発生・生活環)／機能形態／生活様式(二枚貝・底生生物・恐竜・脊椎動物)／個体群の構造と動態／生物地理他

京大 瀬戸口烈司・名大 小澤智生・前東大 速水　格編
古生物の科学 4
古 生 物 の 進 化
16644-3　C3344　　B 5 判 272頁 本体12000円

生命の進化を古生物学の立場から追求する最新のアプローチを紹介する。〔内容〕進化の規模と様式／種分化／種間関係／異時性／分子進化／生体高分子／貝殻内部構造とその系統・進化／絶滅／進化の時間から「いま・ここ」の数理的構造へ／他

前京大 鎮西清高・国立科学博物館 植村和彦編
古生物の科学 5
地 球 環 境 と 生 命 史
16645-1　C3344　　B 5 判 264頁 本体12000円

地球史・生命史解明における様々な内容をその方法と最新の研究と共に紹介。〔内容〕古生物学と地球環境／化石の生成／古環境の復元／生層序／放散虫と古海洋学／海洋生物地理学／同位体〈生命の歴史〉起源／動物／植物／生物事変／群集／他

加藤碵一・脇田浩二総編集
今井　登・遠藤祐二・村上　裕編

地質学ハンドブック

16240-5 C3044　　　　A5判 712頁 本体23000円

地質調査総合センターの総力を結集した実用的なハンドブック。研究手法を解説する基礎編、具体的な調査法を紹介する応用編、資料編の三部構成。〔内容〕〈基礎編：手法〉地質学／地球化学（分析・実験）／地球物理学（リモセン・重力・磁気探査）／〈応用編：調査法〉地質体のマッピング／活断層（認定・トレンチ）／地下資源（鉱物・エネルギー）／地熱資源／地質災害（地震・火山・土砂）／環境地質（調査・地下水）／土木地質（ダム・トンネル・道路）／海洋・湖沼／惑星（隕石・画像解析）／他

R.T.J.ムーディ／A.Yu.ジュラヴリョフ著
小畠郁生監訳

生命と地球の進化アトラスⅠ
―地球の起源からシルル紀―

16242-1 C3044　　　　A4変判 148頁 本体8500円

プレートテクトニクスや化石などの基本概念を解説し、地球と生命の誕生から、カンブリア紀の爆発的進化を経て、シルル紀までを扱う（オールカラー）。〔内容〕地球の起源／生命の起源／始生代／原生代／カンブリア紀／オルドビス紀／シルル紀

D.ディクソン著　小畠郁生監訳

生命と地球の進化アトラスⅡ
―デボン紀から白亜紀―

16243-X C3044　　　　A4変判 148頁 本体8500円

魚類、両生類、昆虫、哺乳類的爬虫類、爬虫類、アンモナイト、恐竜、被子植物、鳥類の進化などのテーマをまじえながら白亜紀まで概観する（オールカラー）。〔内容〕デボン紀／石炭紀前期／石炭紀後期／ペルム紀／三畳紀／ジュラ紀／白亜紀

I.ジェンキンス著　小畠郁生監訳

生命と地球の進化アトラスⅢ
―第三紀から現代―

16244-8 C3044　　　　A4変判 148頁 本体8500円

哺乳類、食肉類、有蹄類、霊長類、人類の進化、および地球温暖化、現代における種の絶滅などの地球環境問題をとりあげ、新生代を振り返りつつ、生命と地球の未来を展望する（オールカラー）。〔内容〕古第三紀／新第三紀／更新世／完新世

M.E.ウィークス／H.M.レスター著
元東経大 大沼正則監訳

元素発見の歴史　1

10055-8 C3040　　　　A5判 388頁 本体6500円

化学史の大著Discovery of the Elements第7版の全訳。〔内容〕古代から知られた元素（金・銀など）／炭素とその化合物／錬金術師の元素／18世紀の金属／三つの重要な気体／タングステン・モリブデン・ウラン・クロム／テルルとセレン

M.E.ウィークス／H.M.レスター著
元東経大 大沼正則監訳

元素発見の歴史　2

10056-6 C3040　　　　A5判 392頁 本体6500円

〔内容〕ニオブ・タンタル・ヴァナジウム／白金族／三種のアルカリ金属／アルカリ土類金属・マグネシウム・カドミウム／カリウムとナトリウムを利用して単離された元素／分光器による元素発見／元素の周期系

M.E.ウィークス／H.M.レスター著
元東経大 大沼正則監訳

元素発見の歴史　3

10057-4 C3040　　　　A5判 316頁 本体6500円

〔内容〕メンデレーエフが予言した元素／希土類元素／ハロゲン族、希ガス、天然放射性元素／X線スペクトル分析による発見／現代の錬金術／付録（元素一覧表、年表）／総索引

R.J.フォーブス著　平田　寛・道家達将・
大沼正則・栗原一郎・矢島文夫監訳

フォーブス　古代の技術史　（上）
―金属―

10591-6 C3340　　　　A5判 616頁 本体14000円

オリエント・エジプトからギリシア・ローマまで古代技術の集大成─貴金属は古代から崇拝と欲望の対象であり、権力と富の象徴だった。上巻では「古代文明の中の金属」について解説。〔内容〕金／銀と銅／亜鉛と真鍮／鉄／錬金術の起源／他

R.J.フォーブス著　平田　寛・道家達将・
大沼正則・栗原一郎・矢島文夫監訳

フォーブス　古代の技術史　（中）
―土木・鉱業―

10592-4 C3340　　　　A5判 736頁 本体16000円

中巻では文明の成立に不可欠な様々な大型技術：水の供給と動力の利用、交通手段の整備、さらに鉱山から何をどう採掘していたのか、等を解説。〔内容〕給水／灌漑と排水／動力／陸上交通と道路／古代の地質学／鉱業と採石業／採掘技術／他

E.J.ホームヤード著　元東経大 大沼正則監訳 科学史ライブラリー **錬　金　術　の　歴　史** ―近代化学の起源― 10571-1 C3040　　　　A5判 272頁 本体5500円	錬金術の起源と発展を記述し基礎にある哲学を解説。錬金術にまつわるロマンスも描く。図版多数〔内容〕ギリシア／中国／錬金術用器具／イスラム／初期の西洋／記号・象徴・秘語／パラケルスス／イギリス／フランス／ヘルヴェティウス／他
東工大 中島秀人著 科学史ライブラリー **ロ　バ　ー　ト　・　フ　ッ　ク** 10572-X C3340　　　　A5判 308頁 本体5500円	ニュートンのライバルとして活躍し，バネに関するフックの法則や植物細胞の発見者として名高いフックの科学史的評伝。〔内容〕生い立ち／グレシャム・カレッジ／顕微鏡図説／力学／光学／天文学／望遠鏡／精密観測／ニュートンとの論争／他
K.ファン・ベルケル著　神戸大 塚原東吾訳 科学史ライブラリー **オ　ラ　ン　ダ　科　学　史** 10573-8 C3340　　　　A5判 244頁 本体5500円	「ヨーロッパの華」オランダ科学を通覧する広い視野からの科学史。訳者による日蘭交流史を付す。〔内容〕「才人」たち／大学の学者と貴族／啓蒙に仕する科学／再組織化と復興／専門職業化と規模拡大／戦間期の科学／植民地の科学／戦後の科学
R.M.ウッド著　法大 谷本　勉訳 科学史ライブラリー **地　球　の　科　学　史** ―地質学と地球科学の戦い― 10574-6 C3340　　　　A5判 288頁 本体4800円	大陸移動説とプレートテクトニクスを中心に，地球に関するアイデアの変遷史を，生き生きと描く〔内容〕新石器時代／巨大なリンゴ／大陸移動説論争／破綻／可動説vs静止説／海洋の征服／プレートテクトニクス／地球の年齢／地質学の没落／他
P.J.ボウラー著 三重大 小川眞里子・中部大 財部香枝他訳 科学史ライブラリー **環　境　科　学　の　歴　史　I** 10575-4 C3340　　　　A5判 256頁 本体4800円	地理学・地質学から生態学・進化論にいたるまで自然的・生物的環境を扱う科学をすべて網羅する総合的・包括的な「環境科学」の初の本格的通史。〔内容〕認識の問題／古代と中世の時代／ルネサンスと革命／地球の理論／自然と啓蒙／英雄時代他
P.J.ボウラー著 三重大 小川眞里子・阪大 森脇靖子他訳 科学史ライブラリー **環　境　科　学　の　歴　史　II** 10576-2 C3340　　　　A5判 256頁 本体4800円	II巻ではダーウィンによる進化論革命，生態学の誕生と発展，プレートテクトニクスによる地球科学革命，さらに現代の環境危機・環境主義まで幅広く解説。〔内容〕進化の時代／ダーウィニズムの勝利／生態学と環境主義／文献解題他
前同志社大 島尾永康著 科学史ライブラリー **人　物　化　学　史** ―パラケルススからポーリングまで― 10577-0 C3340　　　　A5判 240頁 本体4300円	近代化学の成立から現代までを，個々の化学者の業績とその生涯に焦点を当てて解説。図版多数。〔内容〕化学史概説／パラケルスス／ラヴォワジェ／デーヴィ／桜井錠二／下村孝太郎／キュリー／鈴木梅太郎／ハーンとマイトナー／ポーリング他
W.H.ブロック著 大野　誠・梅田　淳・菊池好行訳 科学史ライブラリー **化　学　の　歴　史　I** 10578-9 C3340　　　　A5判 308頁 本体5000円	錬金術，近代化学，環境問題。化学の歩んできた道を人間社会との関わりも含め生き生きと描く。〔内容〕宇宙の本性とヘルメスの博物館／懐疑的科学者／化学原論／化学哲学の新体系／有機分析／化学の方法／化合物／産業に応用される化学／
R.W.ベック著　嶋田甚五郎・中島秀喜監訳 科学史ライブラリー **微　生　物　学　の　歴　史　I** 10580-0 C3340　　　　A5判 256頁 本体4900円	微生物学の歴史において「いつ誰が何をしたか」「いつ何が発見／開発されたか」を年代記（年譜）としてまとめたもの。その時代の背景を理解できるような項目も取り入れ，興味深く読めるよう配慮。I巻は紀元前3180年頃から1918年まで
R.W.ベック著　嶋田甚五郎・中島秀喜監訳 科学史ライブラリー **微　生　物　学　の　歴　史　II** 10581-9 C3340　　　　A5判 264頁 本体4900円	アメリカ微生物学会から刊行された書の翻訳。微生物学の歴史を年代記（年譜）としてまとめたもの。その時代の学問的思潮，周辺諸科学の展開，社会的な背景なども取り上げ，興味深く読めるように配慮。II巻は1919年以降現在まで

上記価格（税別）は 2004 年 11 月現在